Inhalt

STEFAN HÖCHSMANN

GEGEN DEN STROM DER GESTRESSTEN

Ein ungewöhnlicher Geschäftsmann.
Eine ungeschönte Geschichte.

BRUNNEN
Verlag GmbH · Giessen

© 2016 Brunnen Verlag Gießen
Lektorat: Konstanze von der Pahlen
Umschlagfoto: Jonathan Schwalm, jschwalm.com
Umschlaggestaltung: Jonathan Maul
Satz: Uhl + Massopust, Aalen
Druck: CPI – Ebner & Spiegel, Ulm
ISBN Buch 978-3-7655-4303-6
ISBN E-Book 978-3-7655-7463-4

www.brunnen-verlag.de

Vorwort

Mir wurde beigebracht: „Man fängt nicht mit dem Wort ‚Ich' an."

Ich heiße Stefan Höchsmann. Mein Familienname lässt vermuten, dass es sich bei meinen Vorfahren um eine stolze Sippe handelte, für die Rang und Namen große Bedeutung hatten. Mein Großvater war Ortsgruppenleiter für eine deutsche Partei (...) in einem sudetendeutschen Dorf mit gut 1000 Einwohnern. Mein Vater hatte als Firmengründer und Unternehmer eine höhere Position inne als die anderen Männer in seinem Betrieb. Mein Bruder ist ebenfalls Unternehmer und der einzige männliche Höchsmann in seiner Firma. Unser Name wird zwar nicht mit „t" geschrieben, wie ich ihn naiverweise in der Grundschule buchstabierte, aber dennoch assoziiert man Höchsmann mit dem Superlativ von hoch. Das entspricht auch exakt meinen Erfahrungen mit unserem Klan – wir haben eine Neigung zu Superlativen und einen inneren Drang nach oben.

Und was mich anbetrifft, bilde ich da keine Ausnahme: 1962 wurde ich im Gebärmutterhaus als hochmütiger Höchsmann empfangen und dann im Geburtskrankenhaus als stolzer Stefan geboren. Ja, mein Vorname setzt noch eins drauf auf den hochtrabenden Nachnamen:

Stefan stammt aus dem Altgriechischen und bedeutet „der Gekrönte"; sozusagen jener, der in der Antike den olympischen Siegeskranz ergatterte. Meine Eltern machten sich, glaube ich, bei meiner Namensgebung keine allzu tiefen Gedanken, aber sie leisteten dabei Maßarbeit. Sie hätten keinen treffenderen Namen für mich aussuchen können, denn tief in mir steckt ein leidenschaftlicher Sportler, dem ein unwiderstehliches Streben nach der Mittelposition auf dem Siegertreppchen innewohnt.

Ich bin also sowohl vom Namen als auch vom Wesen her ein nach dem Höchsten Strebender. Und damit gehöre ich zu jener wenig beliebten Personengruppe der Perfektionisten, über die man geringschätzige Bemerkungen macht wie: „Diese Nervensägen und Stressverbreiter! Sie haben immer unrealistisch hohe Ansprüche, mit denen sie permanent ihre Mitmenschen plagen und sich selbst ständig enttäuschen, weil sie diese nicht erreichen." So weit zu meinem Namen, dessen Bedeutung für das, was noch kommen wird, nicht unbedeutsam ist.

Wer dieses Buch trotz Titel und Vorwort liest, sollte sich auf eine etwas unkonventionelle Lektüre einstellen. Ich halte es für durchaus zumutbar für diese Spezies Leser, mit meiner Autobiografie nicht genau am Anfang, sondern ungefähr in der Mitte meines Lebens zu beginnen – zwischen meinem dreißigsten und vierzigsten Lebensjahr.

Mein schon immer zu Extremen neigendes Temperament lief in dieser Zeit zur Höchstform auf. Erst zu Tode erschrocken und dann wie im Himmel frohlocken – die Bandbreite meines Gefühlsrepertoires war groß in dieser Zeit. Besonders markant drückte sich das im Umgang mit dem Stress aus. Innerhalb von zehn Jahren wurde aus mir, der einstigen Unruheinkarnation, fast die Ruhe in Person. Anders ausgedrückt: Mit dreißig stürzte ich mich mit Enthusiasmus in den Strom der Gestressten, mit vierzig ruderte ich dann mit Entschlossenheit gegen ihn an.

Es geht in diesem Buch also vornehmlich um das, was wir Stress nennen. Damit meine ich nicht etwa jede Mühe, jegliche Anstrengung oder jedwede Belastung! Wenn ein Brautpaar seine Hochzeit organisiert und dabei voll unter Strom steht, fühlt es sich danach in der Regel beglückt und nicht belastet – trotz der massiven Herausforderungen empfindet es „positiven Stress". Ich bin nicht gegen Ehrgeiz, Engagement und Einsatzfreude im Leben oder am Arbeitsplatz. Ganz im Gegenteil: Ich wünsche mir diese für mich und meine Mitarbeiter. Mir geht es hier um „negativen Stress", welcher sich nicht unbedingt manifestiert durch ein zu hohes Maß an Belastungen, sondern durch die mangelnde Möglichkeit der Bewältigung. Wie sich das in meinem Leben gezeigt hat, erzähle ich jetzt.

Kurzgeschichte

Mit dem Strom der Gestressten

Neuanfang im Osten

Während sich 1989/1990 in Deutschland die politische Wende vollzog, arbeitete ich in unserem Familienunternehmen in Langen, einer Kleinstadt in Hessen. Als Helmut Kohl dann westdeutsche Pioniere zum Aufbau blühender Landschaften in die neuen Bundesländer sandte, schickten meine Eltern mich zum Aufbau einer Niederlassung unseres Handelsunternehmens nach Sachsen. Also zog ich 1992 gen Osten und konnte mich mit meinen dreißig Jahren endlich der ständigen Supervision meiner elterlichen Vormünder entziehen. Ein neuer Lebensabschnitt begann und meine Aussichten als Lebenskünstler, für den ich mich hielt, waren glänzend. Meine persönliche Stressampel stand auf Grün und meine Zukunft sah ich in Rosarot. Ich wusste nicht genau, wo die Lebensreise hingehen würde, aber eines wusste ich: Auf keinen Fall wollte ich so viel arbeiten und Stress haben wie mein Vater oder andere Stresstypen, deren Freizeit nur aus schweißtreibendem Schuften und deren Hobbys einzig aus mühsamer Maloche zu bestehen schienen. Ich wollte lieber tun, was mein Vater manchmal abschätzig als „Privatisieren" bezeichnete. Jetzt, da ich geschäftlich endlich frei und ungebunden war, wollte ich meine Prioritäten Urlaub, Freizeit und Erlebnis nach Herzenslaune zelebrieren.

In dieser Zeit ergriff eine Art Goldgräberstimmung die Kaufleute aller Wirtschaftszweige im Westen. Montags schob sich eine zäh fließende Fahrzeugkarawane Richtung „Wilder Osten", freitags zogen die Herren Verkäufer und Frauen Vertreter dann wieder zurück und ihre wuchtigen Wessi-Wagen stauten sich in langen Schlangen. Die A4 war anno dazumal noch eine üble Hubbelpiste, auf der man durchgeschüttelt wurde wie auf einem wilden Rodeo-Pferd.

Einer dieser ostwärts ziehenden Glücksritter war ich. Mit meinem Fahrzeug fuhr ich im Pendlerstrom von West nach Ost. Mit meinem Job war ich jedoch Teil einer viel größeren Bewegung: Ich schwamm mit dem mächtigen Wirtschaftsstrom des Westens, welcher nach der Wende die ganze Welt mit einer neuen Art des Arbeitens überschwemmte: Man stellte in allen Büros auf Business am Bildschirm um.

Ich hatte in jenen Tagen meinen ersten Laptop im Gepäck und versorgte auch die neu eingestellten Mitarbeiter mit Computern. Aufgrund meines Bildungsdefizits hatte ich zu der Zeit noch keine EDV-Vorkenntnisse und als einzigen Lehrer lediglich das unhandliche Handbuch von Microsoft Word. Wenige Jahre vorher hatte ich erstmals die deutsche Vokabel „Autodidakt" mitgeschnitten. Als ich mir nun den Umgang mit dem PC selbst beibrachte, dämmerte es mir, dass ich wohl autodidaktisch veranlagt sein musste. Der Effizienzgewinn durch den Einsatz von PCs war phänomenal. Alles ging auf einmal viel rascher als vorher; unvorstellbar, wie viel Zeit wir plötzlich einsparten und welches Potenzial für Ruhe und Konzentration vor unseren Füßen lag!

Arbeitsplatz im Stressgefängnis

Aber daraus wurde nichts. Im Gegenteil – ich arbeitete mehr und steckte die gewonnene Zeit einfach in Expansion und Optimierung. Nun entwickelte sich der höchste Streber in mir schnell zum höchsten Stresser. Ich tappte also, voller Begeisterung und Tatendrang für meinen neuen Job, in die Stressfalle. Der Traum vom gemütlichen Leben war Geschichte. Meine Füße glitten ins kollektive Nass der ausgepowerten Workaholics und meine Vorsätze bezüglich eines entspannten Jobs schwammen von dannen. Schleichend und unbemerkt wurde ich vom Strom der Gestressten vereinnahmt. Anfangs war mir das Wasser des Stroms gar nicht so unsympathisch. Als leidenschaftlicher Windsurfer, der schon die Wellen vor Hawaii, Neuseeland und Australien abgeritten hatte, fand ich Gefallen an der Schubkraft des Wirtschaftsstroms, der mir dynamischen Vortrieb ermöglichte.

Beim Unternehmensaufbau entwickelte der emsige Eiferer in mir ehrgeizige Eigendynamik. Sein Argument klang plausibel: „Wer in den neu entdeckten und erschlossenen Bundesländern geschäftliches Gold bergen will, muss der Erste sein, der eine schlagkräftige Vertriebsmannschaft aufgebaut hat und die besten Schürfgründe besetzt hält." So galt es, wie ich folgerte, keine Zeit zu verlieren. Ich ließ mich also von dem eigensinnigen Wettkämpfer in mir breitschlagen und stürzte mich Hals über Kopf in das abenteuerliche Unterfangen, mit meinem frisch gegründeten Unternehmen mal schnell regionaler Marktführer zu werden. Die langweiligen Hotelabende unterwegs wurden mir eine willkommene Ausrede dafür, regelmäßige Abendschichten nach Feierabend einzulegen. Um flotter vorwärtszukommen, stellte ich fleißig – und leider auch völlig planlos – Mitarbeiter ein. Ich kann mich erinnern, wie sich circa drei Jahre nach der Niederlassungsgründung ein Freund nach dem Vorankommen meiner Firma erkundigte und ich selbstzufrieden anmerkte: „Ich habe schon zwanzig Mitarbeiter."

Später wurde mir mein überstürztes Wachstum in der Anfangsphase fast zum Verhängnis. Als Gründer, Ideengeber, Hauptverkäufer, Personalseelsorger und Marketingchef stand ich ständig unter Strom. Ich zog mir täglich etwa doppelt so viel Arbeit auf meinen Schreibtisch, als ich Zeit zum Abarbeiten hatte. Um dieses Ungleichgewicht auszugleichen, versuchte ich es einfach mit erhöhter Geschwindigkeit: Ich verhaspelte mich immer häufiger beim Sprechen, streifte nicht selten beim schwungvollen Verlassen des Büros den Türrahmen oder stürmte gegen die Schreibtischkante. Die ständig wachsende Anzahl an Notizen arbeitete ich – sofern ich sie überhaupt entziffern konnte – chaotisch ab, um keine kostbare Zeit für das Strukturieren zu vergeuden.

Ich war eine Unruhemaschine und meine Rastlosigkeit übertrug sich auch auf meine Mitarbeiter. Ich beobachtete, wie sie in meiner Gegenwart plötzlich nervös und hektisch wurden. Viele unnötige, nicht zu Ende gedachte Initiativen behinderten zu dieser Zeit unsere Effizienz. Statt Marktführer zu werden, wäre mein Start-up im Jahr 1996 fast in die Insolvenz gerutscht, hätte uns nicht das Langener Stammhaus über Wasser gehalten.

Gesundheitsattacke im Hamsterrad

Eines Nachts im Büro, als mir mein ehrgeiziges Arbeitstempo mal wieder massiv über den Kopf wuchs, erhielt ich eine Kurznachricht. SMS gab es noch nicht, dafür meldete sich eine alarmierte Stimme aus meinem Inneren. Das geplagte Organ Herz verschaffte sich Aufmerksamkeit durch ein mir bis dahin unbekanntes kräftiges Stechen und veranlasste eine jähe Unterbrechung meiner Arbeit. Panik bemächtigte sich meines Verstandes und ich grübelte, ob diese Symptome nicht die Vorstufe eines Herzinfarktes sein könnten. Mir war es noch nie so leichtgefallen wie in diesem Moment, einen nach Erledigung schreienden Stapel Arbeit einfach unerledigt liegen zu lassen. Während ich noch zwischen „Notaufnahme sofort" oder „Arztbesuch am nächsten Morgen" abwog, sagte ich mir: „Stopp! Keinen Schritt weiter in diesem wahnsinnigen Tempo!"

Noch einige Wochen zuvor hätte ich mir nicht eingestehen wollen, wie belastend und bedrückend sich der selbst auferlegte und selbst verschuldete Effizienzdruck auf mich auswirkte. Nicht, dass ich keine Wahrnehmung für Stress gehabt hätte. Ich erkannte ihn überall um mich herum und verachtete den Lebensstil der Stressakteure in meinem Umfeld – nur für meinen eigenen Stress war ich blind. Nun, durch diese Attacke auf meine Gesundheit, erkannte ich plötzlich meine Megastressnatur und wurde sogleich einsichtig wie ein reuiger Hund. Der Anfangspunkt einer grundlegenden Reform meiner persönlichen Arbeitskultur war gesetzt.

Das Ergebnis der aufwendigen diagnostischen Untersuchung war: „Alles nur psychisch" – dennoch war ich gewarnt. In den darauffolgenden Wochen ignorierte ich die Berge an Arbeit, gönnte mir ein Meer von Ruhe und fuhr in den Urlaub an einen Bergsee. Erholung war nötig, denn mein physisches Belastungslevel war an einem Tiefpunkt angelangt. Sobald ich nur ein wenig gefordert wurde, spürte ich so etwas wie einschnürende Fesseln um meinen Brustkorb und meine Atemwege verengten sich. Ein Arzt kommentierte: „Immer in Eile, gell?" Wie recht er doch hatte!

Aber die jahrelang eingeübten Stressgewohnheiten ließen sich nicht auf Knopfdruck abschalten. Ich ärgerte mich über mich selbst, weil ich mich von dem allgemeinen Stressmob, den ich schon lange um mich herum wahrnahm, hatte anstecken lassen. Ich saß genau in der Stressfalle fest, um derentwillen ich viele meiner Mitmenschen bemitleidet hatte. Vor mir lag nun ein langer und mühsamer Prozess der Veränderung.

Antistresskampf ohne schnellen Erfolg

Diese Lebensphase war für mich einschneidend, denn ich bin – wie man vielleicht schon mitbekommen hat – ein Hypochonder. Mit anderen Worten: Ich gehöre zu den Menschen, die äußerst inspiriert sind, wenn es darum geht, Fantasien zu entwerfen, wie sich aus Belanglosigkeiten tödliche Krankheiten entwickeln können. Aber aus heutiger Sicht bereue ich diese physische Grenzerfahrung keinesfalls, denn daraus resultierte: Meine Stressnatur bekam ein Stoppschild vorgesetzt und mein Sportlernaturell wurde zum Stresswächter berufen.

In den darauffolgenden Jahren bemühte ich mich, meine destruktive Stressneigung zu überwinden, und gelangte zu der Überzeugung, dass es einen Weg heraus aus der Stressfalle geben müsse. Ich stellte mich gegen meine Stressmarotten: Multitasking sollte nicht länger mein Hirn überfordern. Statt meine Gedanken mit vielem zu fragmentieren, wollte ich lernen, mich auf weniges zu konzentrieren. Während rasanter Autofahrten interessante Radio-Reportagen zu hören, gleichzeitig schmierige Drive-in-Burger zu mampfen und simultan unangenehme Business-Telefonate entgegenzunehmen – solche Parallelbeschäftigungen schienen effizient, aber sie überforderten mein Gehirn und stressten mich. Das sollte sich ändern.

Allerdings war das Ausbrechen leichter gesagt als getan, denn ich musste nicht nur angehen gegen den „Sohn der Gestressten" in mir, sondern auch gegen den Strom der Gestressten um mich herum. Mein einsames Gefecht gegen meine eigenen Gewohnheiten in einer eilenden Gesellschaft mutete an wie der Kampf eines Anti-Stress-Davids gegen einen Pro-Stress-Goliath. Ich sah mich der Übermacht eines Wirtschafts- und Kulturstromes ausgesetzt, der seine Vorliebe für mehr Lärm, mehr Stress, mehr Druck, mehr Unterbrechungen und mehr Ablenkungen gnadenlos vorantrieb – und irgendwie war mein Leben auch noch Teil dieses Stromes. Kaum hatte ich mancherlei alte Stressneigung abgestellt, wurde ich schon wieder von allerlei neuen Stressgewohnheiten gequält.

So scheiterten meine ersten Versuche, den inneren Unruhestifter zu besänftigen, kläglich. Zwar hatte ich seit meiner unfreiwilligen Auszeit einen mentalen Wachhund, der bei Versagen augenblicklich zu bellen anfing, doch der bereitete mir nur zusätzlichen Seelenstress. Immer wieder stellte er meinen Mangel an Selbstbeherrschung bloß und zeigte mir, dass ich ein Gefangener der Gewohnheit war. Natürlich war die Manifestation meiner Stressaktion nirgends ärger als in meinem Job. Mein Arbeitsplatz mitten im Tagesgeschäft der Firma mit seinem schnellen und hektischen Betrieb war einfach eine Überforderung für meine zu überstürztem Handeln neigende Natur.

So gab es einige erfolglose, zermürbende und frustrierende Jahre des Kampfs gegen den Stress. Danach ging es mir nicht besser als davor, aber meine Entschlossenheit war immer noch da – nur mit dem Unterschied, dass meine Lösungsansätze langsam radikaler wurden. Eines Abends sagte ich mir: „Persönlicher Frieden ist mir wichti-

ger als geschäftlicher Erfolg" und „Entweder meine Stressnatur wird überwunden (indem ich einen Stressstand er-
reiche, mit dem ich zufrieden bin) oder ich werfe das
Handtuch und gebe das Unternehmen auf". Mir war das
bitterernst. Dass ich rechtlich und finanziell in dem Unternehmen gefangen war und gar nicht freiwillig – ohne
Insolvenz – hätte aufhören können, war mir zu dieser Zeit
nicht wirklich bewusst. Ich war jung und blauäugig, aber
das schadete meinem Werdegang Gott sei Dank nicht.

Als ich diesen Entschluss traf, waren meine Frau und
ich bereits acht Jahre im Osten. Meine Resolution eröffnete mir den Weg in Richtung einer radikalen Reform, die
mich im weiteren Verlauf zum Durchbruch führte. Eines
Nachts im Jahr 2000, während einer Zeit der andächtigen
Stille, kam mir eine total schräge Idee: „Warum überlässt
du das schnelle Tagesgeschäft nicht einfach deinen Mitarbeitern? Die kommen mit der ganzen Hektik anscheinend
besser klar als du. Warum verlegst du nicht einfach deinen
Wohnsitz weit weg von der Firma und kommst nur noch
einige Male im Jahr ins Unternehmen?" Dann schoss es
mir wie ein Blitz durch den Kopf: „Das ist die Lösung und
eine offene Tür aus dem Stressgefängnis."

Seltsam, dass ich sofort so überzeugt von dieser Idee
war, denn was mein Hirn da ersponnen hatte, klang reichlich unrealistisch. Was würden die Mitarbeiter dazu sagen,
wenn ihr Chef ihnen mitteilte: „Hier ist es mir zu stressig – ich bin dann mal weg"? Meine Frau und ich hatten
gerade zwei Jahre zuvor ein Haus in der Nähe des Unternehmens in Klipphausen gebaut und zwei Vorschulkinder
zu versorgen. Sie lehnte meine Idee als „mal wieder völlig

unrealistisch" ab. Aber ich ließ mich davon nicht beirren und den Traum von einem stressärmeren Alltag abseits vom Tagesgeschäft weiter in meinen Gedanken Gestalt gewinnen. Ich dachte mir: „Im Zeitalter von Internet, E-Mail und Mobiltelefonie muss es doch möglich sein, auch ganz woanders zu arbeiten". Ich fantasierte: „Gehen wir doch dorthin, wo es am schönsten ist; am liebsten in das Land meiner Träume – nach Neuseeland, an den Strand und in die Berge, da lässt sich's sicher entspannter arbeiten." Das Land der Kiwis hatte ich vorher zweimal bereist und dort schien das Leben irgendwie entspannter und langsamer.

Es bedurfte einer Menge Überredungskünste, um meine englische Frau dazu zu bewegen, mit mir und unseren Kindern auf eine zehnwöchige Urlaubsgeschäftsreise nach Neuseeland und Australien zu kommen, um dabei unter anderem auszuloten, ob hier unsere Zukunft liegen könnte. Für mich war das auch ein Test, ob das Unternehmen gut ohne mich klarkommen würde. Als ich nach neun Wochen Abwesenheit mal wieder mit den Verantwortlichen im Unternehmen telefonierte, merkte ich, dass es Zeit für mich wurde zurückzukommen. Die Umsätze gingen drastisch zurück. Auch wenn das vielleicht nicht unmittelbar mit meiner Abwesenheit zusammenhing – ich erkannte, dass meine Idee mit einem Arbeitsweg von zwanzigtausend Kilometern doch ein wenig unrealistisch war.

Dennoch war die Reise nach Down Under wegweisend. Als wir eines verregneten Tages in dem wunderschönen australischen Küstenort Eden unter einem Regenbogen in unserem Leihwohnmobil saßen, konfrontierte ich meine Frau mit einer neuen Idee: „Wie wäre es, wenn wir nicht ins Ausland, sondern zurück in die alten Bundesländer ziehen würden und ich von dort aus die Firma leiten würde, weit genug weg vom turbulenten Tagesgeschäft?" Bisher hatte sie immer nur ein klares „Nein" zu all meinen Wegzugsplänen gehabt; sicher auch, weil sie meine innere Unruhe nicht als dramatisch oder Problem erkannte. Aber auf diesen Vorschlag entgegnete sie: „Das kann ich mir schon eher vorstellen."

Gegen den Strom der Gestressten

BAD HERSFELD, AB 2002

Neuanfang im Westen

Im Jahr darauf kauften wir ein Haus in Bad Hersfeld und bereiteten unseren Umzug vor. Dieser führte uns wieder zurück nach Hessen, in das Bundesland meiner Kindheit. Ich verabschiedete mich von meinen Mitarbeitern, denn in Zukunft würde ich nur noch als Gast in meine Firma kommen. Die Belegschaft nahm die Nachricht von meinem überraschenden Entschluss, nach zehn Jahren dem Freistaat den Rücken zu kehren, erstaunlich gelassen hin, wenn auch keine richtige Begeisterung aufkam.

Mein Wegzug ging mit einer entscheidenden personellen Umbesetzung einher. Es war ein gewagter und riskanter Schritt: Mein bester Verkäufer wurde mit sofortiger Wirkung seiner Aufgaben enthoben. Diese Maßnahme war Bestandteil einer Anti-Stress-Kur der radikalen Art, die ich mir auferlegte, denn dieser Verkäufer war ich selbst. Ab sofort würde ich nicht mehr für die Vertriebsarbeit zur Verfügung stehen und mich ausschließlich auf den Einkauf konzentrieren. Dieser sagte mir sowieso mehr zu, weil man dabei mit weniger Aufwand mehr Geschäft generieren konnte.

So brachen wir als Familie die Zelte in Sachsen ab und lagerten unsere Umzugskartons vor den großen Ferien 2002 im Unternehmen ein. Vor dem Umzug fuhren wir erst einmal drei Wochen in den Urlaub. Nach etwa zwei Wochen auf Korsika war ich verblüfft: Der innerliche Druck und die Unzufriedenheit über meine Hastigkeit, die mich in den Jahren zuvor auch in Urlaubszeiten ständig begleiteten, waren wie weggefegt. Dieser Moment markierte den Wendepunkt meiner beruflichen Karriere. Nun konnte ich sagen: „Ich bin dem Stressmob entronnen und habe den Traumjob gewonnen!"

An dem Tag, als wir nach dem Urlaub in unserer neuen Heimat in Waldhessen ankamen, begrüßte uns wieder ein Regenbogen. Und von diesem Tag an bis heute war das Arbeiten gut dreihundert Kilometer abseits vom Unternehmen und Tagesgeschäft eine wunderbar entspannende Sache. Vorher war ich stets unzufrieden mit meiner ständigen inneren Unruhe im Job, danach war ich stets zufrieden. Das klingt vielleicht übertrieben, ist es aber nicht. Vorher war ich sicherlich manchmal unzufrieden, obwohl es gar nicht so schlimm war, und nachher zufrieden, obwohl es gar nicht so gut war – aber was soll's: Die permanente Unzufriedenheit wurde zur ständigen Zufriedenheit.

Allein schon die Tatsache, dass ich nach dem Umzug nicht mehr hundertzwanzig Tage pro Jahr im Büro in Klipphausen unter pausenlosem mentalen Dauerbeschuss saß, sondern nur noch an etwa zwanzig Tagen, wirkte wie eine wahrhafte Wunderwaffe gegen den Stress. Da ich bald nur noch alle zwei Monate das Unternehmen besuchen sollte, wurde meine zu Aktivismus und Ungeduld neigende Natur schön ausgebremst. Die vielen Ideen, die vor dem Umzug manchmal fast im Stundentakt aus mir heraussprühten und meine Mitarbeiter häufig überforderten und verwirrten, wurden auf das Wesentliche komprimiert und standen danach nur noch alle zwei Monate zur Disposition.

Arbeitsplatz im Wald

Vor dem Umzug hatte ich etwa fünfzig Prozent meiner Arbeitszeit für den Verkauf aufgewendet. Das war nun Geschichte. Die Vertriebsarbeit war delegiert und Verkaufsanfragen wurden von mir kaum noch akzeptiert. So erlebte ich nach dem Neubeginn eine Jobrevolution. Meine Arbeitszeiten am neuen Bürostandort Bad Hersfeld schrumpften drastisch, das Stresslevel sank rapide auf Tiefststände.

Wir wohnten nun am Waldrand. Mein hypochondrisches Gespür analysierte, dass mein Bürojob eigentlich Gift war für meine trockene Rachenschleimhaut und meine mit Krampfadern übersäten Unterschenkel. Da erfand ich das „Büro auf Schusters Rappen": Ich verlegte meinen Arbeitsplatz in den Wald und führte ab dieser Zeit die meisten meiner Geschäftstelefonate nicht mehr sitzend, sondern gehend. Die Nachbarn drückten Verwunderung aus, als sie beobachteten, wie ich regelmäßig mit Diktiergerät und Mobiltelefon in den Wald spazierte, während andere Leute sich durch den Verkehr an ihre Arbeitsplätze durchkämpften. Ich komme auf diese Art gefühlt doppelt so schnell durch meine täglichen Telefonlisten als am Rechner, wo die vielen Ablenkungen die Effizienz bremsen. Außerdem bleibt mein Kreislauf beim Spazierengehen in Wallung, was beim ungeliebten Hocken vor dem Bildschirm nicht gerade der Fall ist. Am Rechner bin ich bei der Arbeit schon einige Male eingeschlafen (...), beim Wandern noch nie! Darüber hinaus wird mein Gedächtnis trainiert. Damit die vielen Details auf den langen Spaziergängen nicht verloren gehen, diktiere ich nach jedem Telefonat Gesprächsnotizen und Arbeitsanweisungen an unsere geschätzten Sachbearbeiterinnen. Die Angewohnheit dieser Telefonspaziergänge habe ich mir bis heute in der warmen Jahreszeit bewahrt, auch wenn wir seit drei Jahren leider nicht mehr am Waldrand, sondern nur noch am Rand eines Wäldchens wohnen. Das Ambiente unter den Bäumen bietet reichlich Entspannung und wenig Ablenkungen. Und wenn mir doch einmal, wie schon einige Male passiert, eine Wildschweinherde über den Weg läuft und meine Aufmerksamkeit kurzzeitig abschweift, dann habe ich am Familientisch etwas Kurzweiliges zu erzählen.

Meine britische Frau und ich sind extrem unterschiedlich geartet. Ihr Mädchenname Dunkerley kommt von dem Verb „to dunk", was so viel heißt wie tunken oder tauchen

oder taufen. Anders ausgedrückt: „in die Tiefe streben" –
welch ein Kontrast zu den hochstrebenden Höchsmännern! Das spiegelt sich auch im Alltag zu Hause wieder.
Sie hat ihren Blick eher nach unten auf die „Basics" oder
das Erdreich gerichtet und sieht zu, dass im Haushalt alles seinen gewohnten Gang geht. Ich hingegen richte mein
Augenmerk eher nach oben auf die „Specials" oder Luftschlösser und zermartere mir den Kopf, was man optimieren, umgestalten oder wegrationalisieren könnte. Als ich
anfing, viel Zeit im Wald zu verbringen, wo mich singende
Vogelstimmen erquickten, und sie parallel dazu viel Zeit
im Haushalt verbrachte, wo sie saugenden Vakuumlärm
zu erdulden hatte, da neckte ich sie einmal ein wenig und
meinte: „Ich habe für morgen noch sieben freie ungeplante
Stunden und weiß nicht so recht, was ich da machen soll.
Hast du eine Idee?" Ich wollte sie damit ein wenig piesacken und zum Umdenken animieren. Erreichen konnte ich
natürlich nichts, aber witzig fand ich mich schon.

Geschäftsreisen mit dem Fahrrad

Neben dem Stress gab es noch einen anderen Grund,
warum ich den Wohnort wechselte, und dieser hatte etwas mit der Region zu tun. Bis Ende der Neunziger war
das Unternehmen hauptsächlich regional tätig gewesen;
danach zunehmend international. Meine Reiseziele lagen nun in Westeuropa, nicht mehr in Sachsen. Vom deutschen Autobahnmittelpunkt Bad Hersfeld aus konnte ich
meine Reisetätigkeit effektiver ausüben. Denn trotz Ent-

spannung legte ich mich nicht auf die faule Haut. Ganz im Gegenteil: Ich hatte einen bärigen Reisehunger und setzte mir das Ziel: „Ich will alle bedeutenden westeuropäischen Hersteller und Händler für Holzbearbeitungsmaschinen besuchen und ihre Unternehmen von innen sehen. Ich wusste, dass ich dieses Ziel nie ganz erreichen würde, aber bis heute habe ich immerhin schätzungsweise sechzig Prozent davon geschafft, was mir einen guten Überblick über die Branche verliehen hat.

Das Verhältnis zwischen meinen Büro- bzw. „Wald-" und Reisetagen war seinerzeit wie auch heute etwa siebzig zu dreißig. Die vielen Tage zu Hause waren sehr relaxed. Das Telefon klingelte selten, es gab keine spontanen Kundenbesuche oder Mitarbeitergespräche. Nur die täglichen E-Mails mussten abgearbeitet werden, was allerdings im Wald nicht zu bewerkstelligen war. Die Tage unterwegs dagegen waren eher ambitioniert und ausgefüllt mit Autofahrten, Kundenterminen, Telefonieren, Diktieren und abends mit Büroarbeit. Trotzdem empfand ich diese ausgefüllten Reisetage nicht als furchtbare Plackerei, sondern als Ausgleich zu den sonst extrem stressarmen Tagen.

Später merkte ich, dass auf diesen nicht gerade ruhigen Reisen noch etwas fehlte – nämlich der Faktor Entspannung. Also fing ich an, meine Mehrtagesreisen länger als nötig zu planen, und legte Pausen für Muße ein. Ich bin ein leidenschaftlicher Entdecker. Landschaften und Naturschönheiten haben mich schon seit früher Kindheit fasziniert. Ich stellte fest, dass man dafür gar nicht bis nach Neuseeland reisen musste. Im Umfeld der Holzbearbeitungsmaschinenbranche gibt es reichlich Ziele dieser Art. Na ja, Ostwestfalen war okay. Der Schwarzwald war schon besser. Mich zog es jedoch etwas weiter weg: nach Venetien, an die Costa Brava, an die portugiesische Westküste, nach Norwegen, nach Schweden – überall fand ich hoch attraktive Businessprojekte in der unmittelbaren Umgebung von traumhaften Landschaften. So machte ich Flussfahrradtouren, Küstenspaziergänge, Bergwanderungen und Skilanglaufrunden, während ich manchmal gleichzeitig tolle Geschäfte am Telefon abwickelte und Denkpausen einlegte.

Bis heute habe ich mir die Angewohnheit frisch gehalten, je nach Jahreszeit mein Faltfahrrad oder meine Langlaufskier als Reisebegleiter im Auto mitzuführen. Zuweilen kombiniere ich auch Außendienstreisen und Fahrradtouren und fahre dann mit dem Drahtesel bei Kunden vor. Öfter kam ich etwas verschwitzt an, aber noch nie bin ich dadurch negativ aufgefallen. Meistens waren mir mein Spezialvehikel und meine Sportkleidung sogar dabei behilflich, der Empfangsdame eine heitere Abwechslung zu bescheren, sodass sie sich bei ihrem Chef dafür einsetzte, dass dem ungewöhnlichen Klinkenputzer eine Spontanaudienz zugestanden wurde. Nicht selten nehme ich ein Kind oder die ganze Familie mit auf meine kombinierten Geschäfts-Urlaubs-Reisen.

Spaziergang zum Unternehmenserfolg

Nach dem Umzug erhielt ich Mahnungen aus dem familiären Umfeld, dass ich mich als maßgeblicher Motor und

Motivator nicht von meinen Mitarbeitern zurückziehen dürfe, da ich ansonsten den Betrieb samt seiner Mannschaft in die Misere stürzen würde. Auch wenn solche Warnungen durchaus nicht aus der Luft gegriffen waren, schlug ich sie in den Wind. Dass dann ausgerechnet nach meinem Wegzug die entscheidenden Wachstumsimpulse für das Unternehmen kamen, war umso erstaunlicher und lässt sich vielleicht erklären durch das Sprichwort „In der Ruhe liegt die Kraft". Als der Unternehmer von seinem Leiterposten vor Ort abtrat, trat das Unternehmen seinen Siegeszug in der Branche an.

Ungläubig fragten mich diverse Geschäftspartner, wie das in einem mittelständischen Unternehmen ginge, einerseits Chef und andererseits fast nie anwesend zu sein. Ich erklärte: „Meine Mitarbeiter brauchen mich nicht vor Ort. Seit ich weg bin, geht alles besser." Es mag wie Höchsmann'scher Hochmut klingen, aber es darf hier ruhig erwähnt werden: Die Höchsmann GmbH, während meiner Zeit im Strom der Gestressten bedeutungsloser Maschinenhändler im Dresdner Umland, hat sich nach meinem Umzug zu einem der international erfolgreichsten Unternehmen für gebrauchte Holzbearbeitungstechnik entwickelt.

Zum Thema der Marktführerschaft in unserer Branche darf Folgendes festgehalten werden: Bei den Neumaschinenherstellern schreiben sich gleich vier Herstellergruppen die Marktführerschaft zu. Man könnte das auch als einen Wettstreit der Farben bezeichnen. Da gibt es zunächst die rote Allrounder-Group aus Italien, die damit wirbt, mehr Exemplare an Einzelmaschinen zu verkaufen als alle anderen. Weiterhin gibt es die grüne Möbelmaschinen-Group, ebenfalls ansässig an der Adria, die von sich sagt, dass sie die meisten CNC-Maschinen verkauft und diese auch am effizientesten produziert. Die grüne Vollholz-Group aus Deutschland wiederum outet sich als unangefochtene Nummer eins im Massivholzbereich. Last but not least ist da noch die blaue Group aus dem schwarzen Wald, die von der Mitarbeiterzahl und dem Umsatz her unangefochten die Poleposition innehat. Andere Hersteller und Farben sind in Teilsegmenten bedeutend und marktführend. Besonders hervorzuheben ist der rote Möbelmaschinenbauer, der als Lokalmatador wie die Made im Speck die Klientel der Möbelhochburg Ostwestfalen bedient, sich als technologisch führend versteht und sich 2015 von einem Hightech-Sägenbauer vom Bodensee schlucken ließ, der ebenfalls für die Farbe Rot streitet. So weit zur Marktführerschaft bei den Neumaschinenherstellern.

In unserer Gebrauchtbranche handelt es sich bei den Marktakteuren nicht um Hersteller, sondern um Händler. Sie streiten weitgehend für dieselben Farben: In Blau gibt es die führenden Massivholzspezis – der eine genial in Fenstermaschinen, der andere unerreicht in Kehlautomaten. Ebenfalls in Blau agiert ein italienischer Standardmaschinen-Gigant, der mehr Lagerfläche als alle weltweit in der Branche haben dürfte und dessen Seniorchef mit seinem Erinnerungsvermögen für Lagermaschinen und Einkaufspreise einmal als einziger Computer des Unternehmens bezeichnet wurde. Die Farbe Blau ist auch sehr dominierend bei unseren Kollegen, die sich insbesondere auf Gebrauchte für die Plattenbearbeitung eingefuchst haben, zum Beispiel den italienischen „Hansdampf in allen Gassen", der uns von der Unternehmensstruktur her ähnlicher ist als alle anderen. Weiterhin gibt es zwei blaue Platzhirsche aus Ostwestfalen, denen in Sachen General- überholung niemand etwas vormacht – außer vielleicht der absolute Genius für den weltweiten Vertrieb deut- scher Möbelmaschinen: ein Italiener, dessen Logo in Weiß strahlt und damit originell ist wie die Firmenköpfe selbst. Nicht zu vergessen ist noch die rote Internet-Lokomotive aus dem Ruhrpott, ein unfassbar dynamisches und damp- fendes Unternehmen, welches den Markt in Bezug auf komplette Betriebsauflösungen ganz schön aufgewühlt hat und für uns der Wettbewerber ist, auf den wir im Einkauf am häufigsten stoßen. Beim Thema Internet darf auch eine grüne Firma aus Bayern nicht ungenannt bleiben, die bei Standardmaschinen zweifellos mehr Vermarktungskom- petenz und Erfolg hat als wir. Davon abgesehen sind da noch unsere gelben Freunde aus Nordamerika mit dem lächelnden Löwen als Maskottchen, der auch mal kräf- tig brüllen kann, wenn eine ordentlich in einen Seefracht- container verpackte Maschine wegen einer von uns nicht zu verantwortenden Zwischenumladung schlampig bei ihm ankommt. Und dann gibt es eben auch noch uns – die wiederum blaue Truppe aus Sachsen, die von der Perso- nal- und Umsatzstärke her ebenfalls vorne in der Branche anzusiedeln ist, sich als Universalexperte für Möbel- und Massivholzmaschinen etabliert hat und deren Internet- präsenz, was Kompetenz und Information angeht, derzeit ihresgleichen sucht.

Lebensgeschichte

An den fernen Quellen meiner Vorzeit

Kind des Wirtschaftswunders

In dieser Autobiografie will ich zwei Fragen auf den Grund gehen: erstens, wie ich zu dieser ungestümen Stressneigung kam, und zweitens, wie ich sie dann wieder losbekam. Bezüglich der ersten Frage sehe ich nicht nur mein Elternhaus als bedeutungsvoll an, sondern vor allem auch den vorherrschenden Zeitgeist, der meine Eltern am Anfang ihrer Ehe prägte. So beginne ich meine Lebensgeschichte vor meiner Geburt, in der Zeit nach dem Zweiten Weltkrieg.

Meine Großväter waren von Adolf Hitler nach Russland geschickt worden und meldeten sich daraufhin nie wieder. Meine Großmütter wurden aus dem Sudetenland vertrieben und flüchteten 1945 mit ihren Kindern in das osthessische Haunetal. Zum Vergleich: Heute kommen Hunderttausende syrische Flüchtlinge nach Europa; damals kamen vierzehn Millionen osteuropäische Flüchtlinge nach Deutschland! In Haunetal lernten sich meine Eltern kennen und wurden ein Paar. Das dörfliche Leben bot ihnen keine ausreichenden Entfaltungsmöglichkeiten für ihre berufliche Zukunft. Viel verlockender war der Gedanke, dort Familie zu gründen, wo das Wirtschaftswunder pulsierte. So zog es sie in das boomende Ballungszentrum des Rhein-Main-Gebiets, den Speckgürtel rund um die wachsende Weltstadt Frankfurt. 1955 heirateten sie und gründeten bereits zehn Jahre nach ihrer Vertreibung eine Familie in der aufblühenden Kleinstadt Langen, unweit des Frankfurter Flughafens. Hier machten sie Karriere. Meine Mutter avancierte zur Juniorabteilungschefin für Damen-Unterbekleidung in Frankfurts führendem Kaufhaus; mein Vater krönte seine Schreinerlehre mit dem Meistertitel bei einem renommierten Frankfurter Baukonzern.

Meine Eltern und ihre Zeitgenossen wurden von diversen gesellschaftlichen Strömungen beeinflusst. Zwei davon halte ich für besonders bemerkenswert, denn sie übten in der Folge massiven Einfluss auf mich und uns alle aus. Beide kamen aus den USA und damit aus dem Land, in dessen Besatzungszone und unter dessen Schutzschirm meine Eltern sich befanden. Die eine Strömung war eine wirtschaftliche, die zweite eine kulturelle. Ein Leitgedanke der Wirtschaftsströmung war, dass jeder, wenn er nur hart genug arbeitete, seines eigenen Glückes Schmied werden konnte.

Die gigantomanische Megaturbine, die dieser Strömung Antrieb und Aufschwung verlieh, war die amerikanische Ökonomie. Während des Krieges bescherte sie dem Land der unbegrenzten Möglichkeiten ungebremste Wachstumszeiten. Da man jenseits des Atlantiks nicht wie bei uns unter dem europäischen Albtraum vegetierte, sondern den amerikanischen Traum zelebrierte, generierte die US-Wirtschaft bis zu den Fünfzigern reichlich Überschüsse an liquiden Mitteln. Sie mutierte zu einem Füllhorn, welches schier unendliche Mengen an flüssigen Dollars über den Atlantik pumpte. Die amerikanische Wirtschaftsmaschine sponserte das deutsche Wirtschaftswunder.

Es ist nur allzu verständlich, dass sich die Generation meiner Eltern bereitwillig von dieser Wirtschaftsströmung ergreifen ließ, denn das amerikanische Modell war ganz schön originell: Die US-Wirtschaftsmaschine bescherte ihren Bürgern eine expandierende Menge an Gütern, während ihre Arbeitszeiten schrumpften.

Was dabei allerdings nicht allen auffiel: Während die Industriemaschinen brummten und die Produktionsfließbänder summten, wurde der Arbeitstakt kürzer und das Arbeitstempo schneller. Die gesteigerte Produktivität ging auf Kosten des „Materials Mensch". Erinnerungen wurden wach an die Industrielle Revolution mit ihrem heimlichen Leitmotiv: „Zuerst die Maschine und die Industrie, danach der Mensch und die Harmonie".

Das Psycholeiden Stress erreichte in den USA der Fünfziger erstmals ein gesellschaftsrelevantes Ausmaß. Nicht, dass es vorher nie Stresspatienten gegeben hätte! Als die Betriebe noch von Wasserdampf oder Mühlwerken angetrieben wurden und um 1850 die Wochenarbeitszeit in Deutschland zweiundachtzig Stunden (…) betrug, war das sicherlich nicht besonders entspannend für die Betroffenen. Doch damals nannte man solche Lebenserfahrungen noch „Broterwerb". Seinerzeit wurde das englische Wort „stress" oder „distress" exklusiv für die Beschreibung von physischem Druck gebraucht. Im Zusammenhang mit *psychischem* Druck wurde der Begriff erst 1936 in Kanada von dem kanadisch-österreichischen Mediziner Hans Selye entdeckt. Nach 1955 kam der Stress dann langsam in Mode. Es sollte aber noch einige Jahrzehnte dauern, bis diese Vokabel, von Nordamerika ausgehend, auf der ganzen Welt Karriere machte.

Während in Nordamerika den ersten Patienten die Diagnose „gestresst" ausgestellt wurde, war die Arbeitswelt in Deutschland noch stressfrei – jedenfalls begrifflich. So gab es in meiner Kindheit noch keinen Strom der Gestressten. Meine Eltern erlebten die Zeit des Wirtschaftswunders nur als Positivstress. Sie schufteten und schwitzten, aber sie empfanden keine Stresssymptome, höchstens Glücksgefühle. Auch die anderen im Land krempelten die Ärmel hoch und investierten ihre Zeit, Kraft und Jugend in den Bau von Unternehmen, Häusern und Familien. Nachkriegsdeutschland war geprägt von Aufbaueuphorie und wertete die Wohlstandsunterstützung aus den USA positiv. Gegen die transatlantische Wirtschaftsströmung mit ihrer latenten Neigung zum Stress gab es im Aufbauland keinen nennenswerten Widerstand.

Kind der Beatniks

In den USA war das schon anders. Dort traten nach dem Krieg die Beatniks auf die gesellschaftliche Bühne – eine Gruppe junger Poeten, die Weltgeschichte schreiben sollten. Aus ihnen formierte sich die Beat Generation, die als kulturelle Strömung nach dem Krieg über den großen Teich zu uns schwappte. Die Beatniks ließen sich nicht gleichschalten mit einem Etablissement von konsumhörigen Kleinbürgern, deren Kapital die jungen Literaturrebellen als überflüssig ansahen und deren Moral ihnen überdrüssig war. Welche kulturgestaltenden Schwergewichte diese Poeten des Beats waren, wird an denen deutlich, die sie beeinflussten. Bob Dylan, der als einer der einflussreichsten Musiker des zwanzigsten Jahrhunderts gilt, meinte, dass es zuerst der prominente Beatnik Jack Kerouac gewesen sei, der ihn zum Schreiben von Protestsongs inspirierte. Dylan konstatierte, Kerouacs Buch „On the Road" hätte nicht nur die Welt, sondern auch sein eigenes Leben verändert. Die Beat Generation gilt als Vorläuferin der einflussreichen Gegenkultur der Sechziger und damit auch der Achtundsechziger.

Als ich 2015 die deutsche Ausgabe von „On the Road" mit dem Titel „Unterwegs" las, hörte ich erstmals von den Beatniks. Ich hatte mir den Roman im Zuge der Recherchen für meine Autobiografie besorgt. Der Bestseller wurde als die Bibel der Beat Generation gefeiert und erzählt autobiografisch die Geschichte von Kerouac, dem „Evangelisten" der Beat-Poeten. Das Lesen löste bei mir einen Aha-Effekt aus. Der Kerouac, den ich in „Unterwegs" kennenlernte, hat solche frappierenden Ähnlichkeiten mit dem jugendlichen Stefan, von dem ich auf den nächsten Seiten erzählen werde, dass ich ihn bedauerlicherweise durchaus als einen meiner geistigen Väter bezeichnen könnte.

Kerouac hatte sich in den Kopf gesetzt, mal ein ganz anderes Buch zu schreiben, und so tippte er 1951 die Urversion seines Erfolgsromans „Unterwegs" auf eine siebenunddreißig Meter lange endlose Schriftrolle, bestehend aus aneinandergepappten Butterbrotpapieren. Er fand allerdings erst 1957 einen Verlag für sein Buchprojekt, nachdem er einige damals als zu pornografisch geltende Passagen liquidiert hatte. Als die Originalschriftrolle des zwischenzeitlich zu legendärem Ruhm gekommenen Buchs 2001 versteigert wurde, erzielte sie den höchsten Erlös, der bis dahin jemals für ein Original eines Literaturwerks bezahlt wurde.

Auf seiner Schriftrolle reihte Kerouac den gesamten Manuskripttext ohne Absätze aneinander und entsprechend liest sich sein Roman wie eine Abenteuerreise mit kontinuierlichem Beatrhythmus und ohne Atempause. Das Buch erzählt, wie die zwei Protagonisten Sal (der Autor Kerouac selbst) und Dean (Kerouacs bewunderter Busenfreund Neal Cassady) eine Vergnügungsreise nach der anderen unternahmen durch das ihnen entfremdete Amerika – auf der Suche nach ihrem persönlichen Traum. Sie waren immer „on the streets" und nannten sich die Beats.

Das Auf-dem-Weg-Sein war für sie primär und das Am-

Ziel-Ankommen sekundär. Lebenssinn unterwegs fanden sie hauptsächlich im hedonistischen Genuss von Sex, Drugs 'n' Jazz. Während die Spießer des Mainstreams „at work" waren, befanden sich Kerouac und Cassady „on the road". Wenn das Geld mal alle war, bedienten sie sich am Eigentum anderer. Abgesehen von den Nobelschlitten der US-Autoschmieden, für die sie eine nicht zu ihrer konsumkritischen Gesinnung passende Schwäche hatten, brauchten sie keine Reichtümer, um ihren Spaß zu haben. Sie genossen sich selbst, manchmal ihre Beziehungen und immer ihre Verrücktheiten.

Am Ende des Romans gelangen die beiden Vergnügungssüchtigen dann an den absoluten Höhepunkt ihrer Reisen – ein Bordell in Mexico. Man merkt an Kerouacs detailverliebter Umschreibung dieses verklärten und entrückten Ortes, welche Glückseligkeit sie hier fanden, als sie die ultimative Unschuld der unverdorbenen Einheimischen erlebten. Hier im mexikanischen Paradies konnten die beiden verlorenen Söhne der amerikanischen Wirtschaftsmaschine mit ihrer harten Währung fast zum Nulltarif erstehen, was ihr Herz begehrte: billiges Bier, Drogen und minderjährige Mädchen. Als Kerouac dort schwer krank wurde, ließ Cassady ihn einfach im Stich, weil er, abenteuerhungrig wie er war, wieder auf die Straße musste.

In seinem wohl berühmtesten Zitat erklärte Kerouac in Anspielung auf Cassady: „… die einzigen Menschen, die mich interessieren, sind die Verrückten, die verrückt leben, verrückt reden und alles auf einmal wollen, die nie gähnen oder Phrasen dreschen, sondern wie römische Lichter die ganze Nacht lang brennen, brennen, brennen."[1]

Vergleicht man diese beiden so unterschiedlichen und gegenläufigen Strömungen, fällt etwas Überraschendes auf: Die Wirtschaftsströmung und die Kulturströmung hatten nicht nur ein gemeinsames Ursprungsland, sie hatten sogar einen gemeinsamen Nenner – eine große Vorliebe für Stress. Die einen machten Stress bei der Arbeit, die anderen in der Freizeit. Während die Motoren der Wirtschaftsmaschine tagein, tagaus dröhnten, brannten die Lichter unserer zwei Beatniks nachtein, nachtaus bis zu dem Tag, an dem ihre Kerzen erloschen: Die beiden Vorbilder ganzer Generationen erlitten den Burn-out ihrer Lebenslichter viel zu früh und starben jung an den Folgen ihres stressigen und egozentrischen Lebens: Cassady mit einundvierzig betrunken auf einem Bahngleis, Kerouac mit siebenundvierzig alkoholisiert und desillusioniert vor dem Fernseher.

1 Jack Kerouac, On the Road. Die Urfassung, Rowohlt Verlag, Reinbek 2010, S. 18. Aus dem Englischen von Ulrich Blumenbach.

Zwischen den mächtigen Strömungen meiner Kindheit

Kind meiner Eltern

Über die gesellschaftlichen Strömungen ihrer Zeit machten sich meine Eltern nicht viele Gedanken. Anfang der Sechziger waren sie in Langen gutbürgerlich etabliert und ihr frischer Familienstamm hatte bereits zwei potenzielle Halter. 1962 folgte dann der dritte Sohn und damit das Nesthäkchen bzw. das Stupsnäschen – und das war ich. Das geburtenstärkste Jahr der deutschen Nachkriegsgeschichte, 1964, verfehlten meine Eltern mit mir nur um 15 Monate. Ihr Erziehungskonzept lautete: Wirtschaftliche Motivation und kulturelle Tradition werden unsere Buben schon auf die richtige Bahn lenken. Einer der Faktoren, auf die sie setzten, war der katholische Glaube ihrer Vorfahren. Der älteste Sohn wurde benannt nach dem reitenden Wohltäter Sankt Martin, der mittlere nach dem philosophierenden Theologen Thomas von Aquin – und dem kleinsten Sohn verliehen sie den Namen des biblischen Märtyrers Stephanus.

In meinem Geburtsjahr wurde nicht nur ein eigenes Haus gebaut, sondern auch der Job gewechselt. Mein Vater wollte nicht mehr länger als Schreiner in der Werkstatt herumlaufen, sondern lieber Werkzeuge für Tischler verkaufen. Er wurde Außendienstler bei Leitz. Seinerzeit hatte der heutige Weltmarktführer für Zerspanungswerkzeuge nur ein Dutzend Repräsentanten im Land. Die Aufgabe meines Vaters war es, einen neuen Kundenstamm im Rhein-Main-Gebiet aufzubauen. Die ersten HM-Sägeblätter waren gerade auf den Markt gekommen. „Es war die Zeit, als wir die Widiasägen nicht mühsam verkaufen mussten, sondern einfach verteilten", erzählte mein Vater später. Er entwickelte sich als Senkrechtstarter. Sein Erfindungsreichtum und seine Leidenschaft, andere von seinen Ideen zu überzeugen, kamen ihm dabei zugute. Die Erinnerungen an die Entbehrungen seiner Kindheit bewirkten in ihm die Entschlossenheit, eine Karriere mit ergiebigerer Einkommenslage anzustreben. „Die Kinder sollen es einmal besser haben", sagte er sich wie viele seiner Zeitgenossen. Dafür lohnte es sich, hart zu arbeiten.

Nach einigen Jahren bei Leitz konnte sich mein Vater des Gedankens nicht mehr erwehren, dass er die HM-Sägen und HSS-Fräser wohl auch gut auf eigene Rechnung an den Mann brächte. Meine Mutter bestärkte ihn in dem Glauben, dass das bei Leitz erlebte Wirtschaftswunder noch viel besser auf dem eigenen Bankkonto ankommen würde, wenn sie sich gemeinsam selbstständig machten. Ein geheimer Plan wurde ausgeheckt, eine Kriegskasse angelegt, eine Truppe angeheuert und die Bombe gezündet: 1968 reichte Vater Leopold seine Kündigung ein und gründete mit seiner tüchtigen Frau, Mutter Brunhilde, ein Einzelunternehmen, welches sich als Wettbewerber zu Leitz und anderen in der Branche etablieren sollte. Nun machten sie sich mit Fleiß und Elan an die Arbeit für den eigenen Betrieb. An seinem ersten Außendiensttag nach der Gründung besuchte mein Vater zweiunddreißig Kunden. Einunddreißig Mal fuhr er ohne Auftrag vom Hof; beim zweiunddreißigsten Mal erbarmte sich ein Schreinerkollege des Jungunternehmers und kaufte ihm einen Falzkopf ab. Ein Anfang war getan.

Die Achtundsechziger als Nebenerzieher

Einen Monat nachdem der erste Mensch 1969 den Mond betrat, erlebte ich meinen ersten Schultag. Man wird es meiner kindlichen Naivität nachsehen, dass ich dabei keinerlei Verständnis für die turbulenten Zeiten hatte, die unser nationales Bildungssystem gerade durchmachte.

Als ich mich dann Jahrzehnte später beim persönlichen Geschichtsstudium erstmals mit den Studentenunruhen beschäftigte, blitzte es plötzlich in mir auf: „Die 68er müssen meine Lehrer gewesen sein! Das ist ja spannend und war mir gar nicht klar!" Die Motoren der Kulturströmung Jack und Neal waren mittlerweile tot, aber das Erbe der Beatniks wurde von den Achtundsechzigern aufgenommen, und so lebten die Ideen Kerouacs weiter und entwickelten sich. Aus den poetischen Beatniks wurden die politischen Achtundsechziger. Die Beatniks waren Spezialisten im Schwimmen gegen die Strömung; aber ihre geistigen Kinder waren noch viel größere Experten in dieser Disziplin: Sie stürmten und schnaubten gegen die Strömung, stellten sie öffentlich bloß, prangerten sie an, revidierten allgemeingültige Wertvorstellungen und definierten gesellschaftliche Normen um. Mit einfältigen Sprüchen wie „Nonsens statt Konsens" und „Der Klügere gibt so lange nach, bis er der Dumme ist" erklärten sie den Kuschelkurs gegenüber Politik und Wirtschaft für beendet. Sie waren Experten im Widerspruch und ihre Expertise im Widerstand lag auf der Hand: Mit Eifer strömten sie gegen die Elite des Staates, gegen die Religion der Väter, gegen die Bande der Familie und gegen das „-tum" der Bürger. Sie waren Autoritäten in Anti-Kapitalismus, Anti-Konsum, Anti-Kriegsdienst, Anti-Atomkraft und Anti-Baby – allerdings auch Profis in Pro-Pille, Pro-Droge und Pro-Mille.

Während die Wirtschaftsströmung und die Kulturströmung mit ihrer gemeinsamen Vorliebe für den Stress bisher relativ unabhängig voneinander koexistierten, kam es in den Sechzigern zur Konfrontation. Besonders erbittert wurde um das Territorium Familie gekämpft. Die braven Bürger des Wirtschaftswunders sollten ihr blaues Wunder erleben, wurden sie doch als Komplizen der Kapitalisten gebrandmarkt. Immer mehr ihrer Nachkommen wurden zu Gesellen der Rebellen und pfiffen auf kapitalistisches Wachstum und konservative Werte. Statt auf ihre Eltern zu hören, folgten die Söhne lieber ihren Nebenerziehern mit dem attraktiver klingenden Erziehungsprogramm. Denn das erhob die schrankenlose Geilheit des Körpers zum Heiligtum und erklärte die skrupellose Geldgier der Kapitalisten zum Sündenfall.

Als Unternehmer waren meine Eltern eindeutig Verbündete der Wirtschaftsströmung und so gerieten sie unwillkürlich in die Schusslinie der Achtundsechziger. Sie verbaten sich, dass man ihren Söhnen Appetit auf Pop, Pulver & Porno machte, und hüteten die Türen ihrer Familienkultur, damit nichts dergleichen auf ihre Schützlinge überschwappte. Doch durch die beständige Beschäftigung mit dem boomenden Betrieb verdrängten die aktuellen Geschäftsziele die langfristigen Erziehungsziele. Und so gelangte das Gedankengut der Achtundsechziger fast unbemerkt durch die Hintertür in unsere Kinderzimmer. Die pädagogischen Miterzieher von damals erhoben Anspruch darauf, die absolute Antwort auf alle Allüren der Adoleszenz zu haben. Das Zauberwort der Stunde war „antiautoritär!". Den meisten Bürgern dieser Zeit ging es wie meinen Eltern: Sie verachteten das Konzept der antiautoritären Erziehung, mussten aber mit ansehen, wie ihre Kinder zusehends davon geprägt wurden und sich der elterlichen Autorität zunehmend widersetzten.

So wuchs ich als ein verunsicherter Junge auf, der das Experiment der antiautoritären Erziehung über sich ergehen lassen musste. Statt bürgerlicher Sekundärtugenden entwickelten sich an mir jugendliche Ordinärtugenden: Faulheit statt Fleiß, Gier statt Geduld, Selbstverliebtheit statt Selbstbeherrschung, Vermessenheit statt Verlässlichkeit und Chaos statt Ordnung. Bereits gegen Ende der Grundschulzeit tauchte ich immer mehr in meine eigene Welt jenseits der Wertvorstellungen meiner Eltern ab und machte, was ich für richtig hielt.

Mein infantiles Gehirn, meine mangelnde Erfahrung und meine kindliche Naivität sollten in den nächsten Jahren zunehmend meine Navigatoren sein. Meine Eltern unterstützten das nicht, ließen mich aber zu oft gewähren. Eigentlich hätte man voraussehen können, was passiert, wenn man einen Elfjährigen sich selbst überlässt: Natürlich interessierte ich mich mehr für Nervenkitzel als für Tafelgekritzel, sowieso regten sich in mir eher die Jugendtriebe als die Nächstenliebe – und freilich sehnte ich mich mehr nach der samstäglichen Sportschau als nach langfristigem Charakterbau.

Man hatte versäumt, mich und meine Babyboomer-Kumpels zu überzeugen, wie lohnend es gewesen wäre, uns auf dem Weg zurückzuhalten, um am Ziel belohnt zu werden. Stattdessen erklärte man uns den Weg als Ziel. Wir waren zu jung, um zu verifizieren, welche Konsequenzen unser Verhalten in der Gegenwart für die Zukunft hatte. Wir waren überfordert, selbst zu entscheiden, was wirklich gut für uns war, und es mangelte uns an authentischen Vorbildern und vorausschauenden Autoritäten, die uns Orientierung und Rahmen aufgezeigt hätten. Und so war es gar nicht verwunderlich, dass aus uns keine Gegenstromschwimmer wurden, sondern die hedonistische Jugendbewegung, die man später die „Ich-will-Spaß-Generation" nannte.

Die Verwöhnung als Haupterzieher

Der Wohlstand unserer Familie nahm rapide zu. Zwar hatten wir Babyboomer nicht halb so viele Spielsachen, Süßigkeiten und Spaßverstärker um uns herum wie die Konsumkinder des heutigen Kommunikationszeitalters.

Dafür erlebte unsere Generation als Erste das gesellschaftliche Phänomen des Massenwohlstands. Die Erziehung war nicht mehr länger durch Elend und Entbehrungen geprägt, sondern auf Bequemlichkeit und die Befriedigung der persönlichen Bedürfnisse orientiert. Man gab mir die Wahl und ich wählte Spaß und Abenteuer – Schmerz und Anstrengung dagegen wählte ich ab. Als immer üppigere Geldbeträge in die Familienkasse flossen, wurden die Urlaubsorte der Familie immer exklusiver. Wir waren zwar nur Neureiche und keine High Society, aber fuhren schon mal nach Zermatt und Sylt in den Urlaub, wo wir uns unter die Hautevolee mischten. Immer häufiger gingen meine Mutter und ich in die nahe gelegenen Großstadtzentren zum Einkaufen. Meine Brüder beschwerten sich bei meinen Eltern, dass ich immer alles bekäme – jedenfalls mehr, als sie im gleichen Alter bekommen hatten. Das Budget für Geschenke, Genuss und Gerassel stieg. Wie es oft typisch für das jüngste Kind ist, war es auch bei mir: Ich wurde verwöhnt, verhätschelt und verdorben.

Da ich nach meinem Vater komme, war es keine Überraschung, dass sich auch in mir ein kleiner Entdeckergeist manifestierte. Schon als Kind war ich experimentierfreudig und wollte wissen, wie es sich mit den Elementen verhält. Ein Studienfeld meiner Kindheit war das Feuer. Mein Vater nahm seinen kleinen Bub öfter mal auf seine Außendiensttouren mit. Zielstrebige Leute essen, reden, gehen und fahren schnell – so auch mein Vater. Unterwegs auf den kurvenreichen Landstraßen des Vogelsbergs verschenkte er keine Sekunde und nutzte jede Überholgelegenheit – ich erinnere mich an Adrenalinausschüttungen bei abenteuerlichen Ausweichmanövern. Bei seinen Kundenbesuchen jedoch schien er sich alle Zeit der Welt zu nehmen.

Als ich mal wieder bei einem Kundenbesuch eine kleine Ewigkeit im Auto zurückgelassen wurde, spielte ich am Armaturenbrett seines neuen Daimlers herum. Da erregte ein etwa fingerhutgroßes unbekanntes Druckobjekt meine Aufmerksamkeit. Man konnte es reindrücken und nach einer Weile fing es an, leicht zu qualmen. Ich zog das Ding aus seiner Buchse heraus, drehte es mir zu und bestaunte fasziniert eine rot glühende Spirale. „Das könnte heiß sein", dachte ich mir. Weil ich aber anscheinend noch nicht genau verstand, was hier vor sich ging, vollzog ich ein Experiment und drückte das glühende Teil mit voller Absicht auf die ledrige Verkleidung neben dem Lenkrad und wartete ab, was passierte. Siehe da, meine Neugierde wurde befriedigt, indem es zu einer chemischen Reaktion mit Zischgeräusch und Dampfentwicklung kam. Ich glaube, mein Vater nahm mich danach nicht mehr so oft mit (…), dafür begleitete ihn danach der Abdruck des Zigarettenanzünders als Erinnerung an seinen zügellosen Zögling.

Ein anderes Mal – ich war schon etwas älter – saß ich über die Naturgewalten fantasierend in meinem Zimmer. Plötzlich beschlich mich der fragende Gedanke, ob man die brennende Lunte eines Chinakrachers zwischen Daumen und Zeigefinger ausdrücken könnte, bevor das Ding explodierte. Ich war überzeugt davon, dass dies klappen müsste, und so machte ich mir keinen Alternativplan. Sekundenbruchteile nach Empfängnis der Idee ge-

44

bar ich die Tat, feuerte meinen Flammenwerfer an und ließ die Lunte Funken fangen. Dann gab ich der brennenden Lunte kurz einen Quetschimpuls mit meinen Fingern, verbrannte mich elendig, öffnete blitzschnell die Finger, konnte das Fenster nicht mehr aufreißen, erkannte das Dilemma, warf das Teil auf den Teppich, bevor es in meiner Hand detonieren würde, und ging in Deckung. Es knallte einmal (der Böller – er sprengte ein Loch in den Teppich), es knallte ein zweites und drittes Mal (mein Vater – er riss die Tür auf und schlug sie wieder hinter sich zu) und diverse andere Male (mein Gesäß – es musste ausbaden, was meine Finger verantwortet hatten), als die flache Hand meines Vaters mein entblößtes Hinterteil traktierte. – Ich hoffe, es kommt jetzt niemand von den Lesern auf die Idee, meinen sich im wohlverdienten Ruhestand befindlichen Vater nachträglich der Erziehungspolizei zu melden. Ich hatte dieses Vorgehen verdient und habe ihm sein Vergehen vergeben. An meinem Hinterteil ergab sich kein bleibender Schaden und meiner Seele hat das, glaube ich, auch nicht sonderlich geschadet. Außerdem muss ich hinzufügen: Das väterliche Verhauen war eine absolute Ausnahme – mein flegelhaftes Feuerwerk aber eine dämliche Dummheit.

In der Schule hingegen ließ ich mich weder verhauen noch unterkriegen. Wenn es darum ging, wer den ersten Ton angab, den nächsten Trend auflegte oder das letzte Wort hatte, war ich immer ganz vorne. Ich sah mich als Alphajunge – als Leittier der Klassenherde. Handgreifliche Auseinandersetzungen mit Jungen, die ebenfalls Ansprüche auf dieses Amt anmeldeten, gehörten seit der zweiten

Klasse zu meinem Alltag. Ich war bei solchen Raufereien nicht zimperlich, und wenn mein kindliches Gedächtnis objektiv aufgezeichnet hat, dann habe ich mich meistens durchgesetzt. Ich war derjenige, der Klassen-Fußballspiele organisierte, sagte, wer mitspielen durfte, und die beschimpfte, die nicht nach meiner Pfeife tanzten. Ich war es, der den anderen erzählte, welche Fußballmannschaft zu unterstützen war, und als es dann einen Kinderfanklub gab, wollte ich, dass dieser nach meinem Spitznamen benannt würde.

In dieser Lebensphase hatte ich wenig Probleme mit dem Selbstwert. Die Frage nach meiner Identität erübrigte sich für mich: In meinen Augen war ich zweifellos der gefragteste Fußballspieler, gefürchtetste Raufbold und der geachtetste Bursche in der Klasse. Bei den schulischen Leistungen haperte es allerdings. Laut vorlesen war für mich der absolute Horror. Den Versuch, meinen Ehrgeiz durch Lernerfolge zu befriedigen, gab ich in der Grundschule in dem Moment auf, als ich merkte, dass man dazu Mühe aufwenden musste. Mit meinen Noten ging es ab der zweiten Klasse stetig bergab.

~

Meine Eltern konnten mit ihrem Unternehmen am Ende meiner Grundschulzeit auf ein gelungenes Start-up zurückblicken. Mein Vater war nicht nur ein Vollblutverkäufer, sondern auch ein ausgesprochen praxisorientierter und ideenreicher Tüftler. Bei seinen Kundenbesuchen ließ er sich immer wieder zu neuen Erfindungen inspirieren, deren Vertrieb bald eine wichtige Ertragsquelle für das Unternehmen werden sollte. Mein Vater hatte ein handwerklich multidimensionales Denken und entwickelte Produkte aus Holz, Kunststoff und Metall. Seine erste Erfindung war ein Kantenhobel zum Bündigschneiden von überstehenden Furnierkanten, danach kam eine Pertinax-Führungsschiene als Zubehör für Handkreissägen. Der erste Messeauftritt auf dem Südwestdeutschen Glasertag 1972 endete mit einem Totalausverkauf der Lagerbestände.

Im Jahr 1973 musste unsere Familie dann einen schweren Schicksalsschlag verkraften. Meine Eltern waren gerade auf der Handwerksmesse in München, wo sie die Erfindungen meines Vaters erstmals einem internationalen Publikum vorstellten, als meine Oma und ich hörten, dass mein vier Jahre älterer Bruder Thomas einen Unfall erlitten hatte. Er war im Langener Stadtwald unterwegs gewesen, wo die Feuerwehr einen Waldbrand löschte, und stand in einer Menge Schaulustiger, die in sicherem Abstand zum Brandgeschehen den Löscheinsatz bestaunte. Dann fiel mein Bruder, wie wir später rekonstruierten, plötzlich bewusstlos zu Boden. Keiner wusste, was ihm fehlte. Man brachte ihn mit Verdacht auf Rauchvergiftung ins Krankenhaus, wo er wieder zu sich kam und mit den Ärzten redete, sich aber an nichts erinnern konnte. Als er dann nach einiger Zeit in ein Koma fiel und abermals untersucht wurde, stellte man eine massive Delle an seiner Schädeldecke fest. Ihm war ein Eichenast aus großer Höhe auf den Kopf gefallen. Nun waren seine Hirnblutungen bereits zu weit fortgeschritten. Er wachte nie wieder auf und verstarb nach etwa fünf Tagen Versorgung über die Herz-Lungen-Maschine. Der Tod meines Bruders war natürlich ein schwerer Schlag für unsere Familie und besonders für meine Eltern. Sie ließen sich aber durch diesen tragischen Verlust nicht davon abhalten, weiter die Expansion des Unternehmens voranzutreiben. Sie erwarben im selben Jahr ein Grundstück im Industriegebiet Langen-Neurott und planten einen für ihre Verhältnisse gewaltigen Gewerbeneubau.

Was mir im Alter von elf Jahren dabei half, über den Verlust meines Bruders hinwegzukommen, war meine kindliche Beziehung zu Gott. Ich pflegte die Praxis von täglichen Gute-Nacht-Gebeten und wöchentlichen Kirchgängen. Was Frömmigkeit angeht, war meine Mutter die treibende Kraft in der Familie. Als ich ungefähr zehn Jahre alt war, wollte sie nicht mehr länger das Abendgebet für ihren Nachzügler sprechen. Sie delegierte schon immer gerne und gut und so kam es, dass ich diese Aufgabe hinfort selbstständig zu erledigen hatte. Mit erstaunlicher Zuverlässigkeit kniete ich mich in den Jahren darauf vor dem Schlafengehen auf mein Bett, bekreuzigte mich nach katholischer Tradition und kommunizierte mittels selbst formulierter Worte mit dem Unsichtbaren, jenseits der himmlischen Pforte. Die Folge war: Der große Gott im Jenseits wurde dem kleinen Bub im Diesseits zunehmend vertrauter.

Was das Jenseits angeht, machte ich auch Erfahrungen ganz anderer Art – ich hatte öfters furchtbare Albträume. Diese liefen immer nach demselben, für einen Elfjährigen unkonventionellen Schema ab: Erst dämmerte mir die

Erkenntnis, dass Zeit unendlich sein müsse; dann fragte ich mich, was ich in der Unendlichkeit sein würde; dann bekam ich panische Angst und schließlich stürmte ich schreiend wie am Spieß ins elterliche Schlafzimmer. Mein Vater sorgte aufopfernd für mich, meine Mutter glaubte immer an mich und mit ihrem Unternehmen und Besitz verfügten sie über ein potenzielles Erbe für mich – aber in Bezug auf meine Erwägungen mit der Ewigkeit vermochten selbst sie mir nicht den Trost zu geben, der mich aus dieser abgrundtiefen Verlassenheit hätte herausholen können. Es blieb mir nicht viel anderes übrig, als meine Einsamkeit zu verdrängen.

In den wilden Wellen der Pubertät

LANGEN, FÖRDERSTUFE, 1974–1975

Lust auf Abenteuer

Nach den vier Grundschuljahren ging ich noch zwei Jahre auf die Förderstufe und vier weitere auf die Realschule in Langen. Ich würde mich als von Natur aus zielstrebig, vielseitig, ehrgeizig und emsig einschätzen. Davon wussten und sahen in dieser Lebensphase weder meine Eltern noch meine Lehrer etwas. Sie beschwerten sich kontinuierlich über meine Faulheit und mein Desinteresse. In meinen Augen waren meine Eltern Stressmacher und Spaßverderber. Dass ich ihnen folgen würde, konnten sie abhaken. Das Einzige, was ich von ihnen annahm, waren die persönlichen Vorzüge, die mir durch den Familienwohlstand zufielen. Ansonsten, so war ich überzeugt, würde ich meinen Weg schon alleine machen. Bereits Anfang der Teenagerjahre fühlte ich mich als Junior Souverän, der ohne ihre Gebote sein Gefährt in die Gewässer von Gedeihen und Genuss steuern würde. Den Spaß, den ich suchte, hatten sie nicht zu bieten. Sie versuchten mich als Mithelfer in Haus und Firma zu gewinnen: Auf Staubsaugen im Haus war ich nicht heiß, Rasenmähen im Garten roch mir nach Schweiß, und wenn ich Zutaten aus dem Vorratskeller holen sollte, naschte ich heimlich ein Eis. Was meinen Eltern Spaß machte, ödete mich an; was mit Freunden entdeckt werden konnte, regte mich an. So synchronisierte ich mein Lebenslied mit dem Takt der Beatniks, die ihre Abenteuer „off the house" und „on the road" erlebten.

Im Laufe der Zeit versuchten meine Eltern, mich durch Geldbelohnungen zum Fleiß zu locken. So ließ ich mich überreden, öfter gegen Bezahlung für die Firma zu malochen. Stupide Arbeiten wie Rechnungen kuvertieren konnte ich nicht ausstehen. Oft brauchte ich kleine Ewigkeiten für meine Minijobs, weil ich mich, sobald mich niemand beobachtete, schnell persönlichen Beschäftigungen zuwandte wie dem Verfassen von Liebesbriefen.

Der Job, der mich allerdings motivierte und mir viel Taschengeld servierte, waren Messeeinsätze. Meine Eltern entdeckten meine Qualitäten als Juniorverkäufer und ließen mich bei ihren jährlichen Messeauftritten auf die Kundschaft los. Bei meinem Debüt auf dem Südwestdeutschen Glasertag in Friedrichshafen war ich elf Jahre alt. Man postierte mich an einem Arbeitstisch und gab mir einen Kantenhobel und Holzmuster mit aufgebügelten Kanten in die Hand. Ich merkte mir drei Argumente, zitierte diese fortlaufend und verkaufte immerhin zehn solcher Teile pro Tag. Den stolzen Preis, den meine Mutter mit für die Unternehmensinteressen spitzem Bleistift kalkuliert hatte, bügelte ich bei so manchem Kunden weg durch meinen bubenhaften Verkäufercharme.

~

In meinem zwölften Lebensjahr rollte die erste Reisewelle meines Lebens an. Der Pionier in mir plante Fahrradtouren, der Manager in mir organisierte eine Truppe Begleiter. Fahrradtour Nummer eins ging mit zwei Freunden in das immerhin hundertfünfzig Kilometer entfernte Haunetal, wo mein Vater eine kleine Zweigstelle seines Unternehmens aufgebaut hatte. Nach einer spontanen Idee brachen wir bereits abends gegen 22 Uhr auf und radelten die Nacht durch. Irgendwann legten wir dann unsere Isomatten mitten in einer Wohnsiedlung auf eine Art Verkehrsinsel und versanken augenblicklich im Reich der Träume, bis uns bei Morgendämmerung die ersten Fahrzeuge weckten. Eine Nachbarsfrau entdeckte uns und brachte uns drei Schokoriegel zum Frühstück.

Einige Tage später – wir hatten zwischenzeitlich in einem alten und verstaubten Fabrikgebäude Schlafquartier bezogen und erste Mädchenbekanntschaften geschlossen – erhielten meine Eltern einen Anruf von einem Förster, der ihnen mitteilte, dass er mich nach einem Unfall von der Straße aufgelesen hatte und nun pflegte. Meine zwei Kumpels und ich hatten das osthessische Hügelland als Fahrradrennstrecke genutzt und ein Bergab-Wettrennen veranstaltet. Dabei übersahen wir auf einer steilen Landstraße einen Straßenbautrupp, der gerade in einer Kurve frischen Rollsplitt auf den Asphalt streute. Als wir – der waghalsig-ehrgeizige Höchsmann natürlich zuerst – die Kurve erreichten, flog ich bei Tempo 45 im hohen Bogen von meinem Drahtesel und schlitterte auf der Brust liegend noch meterweit wie ein Eishockeypuck über die Fahrbahn.

Die zweite Fahrradtour mit dreizehn war schon ambitionierter. Es ging mit dem Zelt in das Elsass und von da aus über Württemberg und Franken wieder heim. Als mein Kumpane und ich auf einer abgelegenen Obstbaumwiese unsere erste Nacht mutterseelenalleine im Zelt verbrachten, erlebten wir ein aufregendes Abenteuer. Nachdem wir unsere abgekämpften Muskeln auf unsere aufgeblasenen Matratzen abgelegt hatten und gerade im Begriff waren einzunicken, gab es in unmittelbarer Nähe unseres Zeltes eine kräftige Explosion. Für unsere durch die kindliche Fantasie verstärkten Hörorgane klang das wie die Zündung einer Atombombe an unserem Zelteingang. Wir waren beide so schockiert, dass wir etwa zehn Minuten kein Wort herausbrachten. Danach sagte endlich einer zum anderen: „Hast du das auch gehört?" Wir überlebten die Nacht, hatten aber keine Ahnung, was geschehen war. Ob es ein Megaböller einer Schreckschussanlage oder die Superschrotflinte des Obstgartenbesitzers war, der uns einen Schreck einjagen wollte, haben wir nie herausgefunden.

Lust auf Mädchen

Mit vierzehn radelten wir zu viert nach Sylt. Meine Motivation für die Wahl dieser Destination kann in drei Buchstaben zusammengefasst werden: FKK. Unterwegs zum Ziel erlebten wir nicht viel und schlenderten durch Kiel. Dort machte eine gewitzte und schlagfertige Klassenkameradin von einem unserer Mitradler gerade Urlaub. Sie war ein mir bisher unbekanntes attraktives Mädchen aus unserer Heimatstadt Langen. Wie immer in solchen Situationen hoffte ich darauf, mittels meiner maskulinen Muskelkraft und angesichts meines augenfälligen Aussehens bei diesem Mädchen Eindruck zu schinden – aber das konnte ich mir bei ihr abschminken, denn sie hatte offensichtlich ganz andere Interessen als ich. Als ich gerade die erste verheißungsvolle Konversation mit ihr alleine begann, haute sie mir plötzlich und unerwartet den Satz: „Du kannst dich wohl nur über Geilitäten unterhalten!", um die Ohren. Das hatte gesessen und war eine gute Lektion für mich.

Als wir dann später auf Sylt ankamen, blieben auch dort meine Abenteuerträume unerfüllt: Es stürmte und regnete fast die ganze Zeit und so wurde nichts aus den erhofften Blicken auf textilfreie Sonnenanbeterinnen. Mein Kanonenschussfreund und ich schliefen in einem pyramidenförmigen Zelt. Eines Nachts bekam ich Platzangst und schlafwandelte in geistiger Umnachtung wie ein aufgescheuchter Hahn die vier Zeltseiten entlang auf der Suche nach dem Zeltausgang. Da ich diesen nicht finden konnte, änderte ich in meiner Schlaftrunkenheit die Strategie, zog mich wie ein Erstickender an der Zeltstange nach oben und rang um Luft, in der Hoffnung, dort einen Ausgang zu finden, den es aber nicht gab. Mein Freund, dem ich während dieser skurrilen Szene möglicherweise einen leichten, unbeabsichtigten Schubs versetzte, erkannte das Dilemma und suchte nach einer schnellen Lösung dieser nächtlichen Ruhestörung. So dachte er nicht lange nach, holte aus und verabreichte mir eine schallende Backpfeife, die ich über mich ergehen ließ und mich augenblicklich zurück in die Realität holte.

Auch unter dem Dach meiner Eltern verhielt ich mich während der Nachtruhe nicht tadellos. Manchmal entdeckten sie mich beim Schlafwandeln, einmal sogar beim „Radwandeln": Tief in einer Sommernacht schwebte ich bewusstseinslos die Treppen herunter und die Haustüre heraus in die Garage. Mit offenen Augen und glasigem Blick bestieg ich mein Fahrrad. Als ich, nur mit meinem Pyjama bekleidet, gerade in Fahrt kam und vom Hof düste, dämmerte es mir langsam und ich fragte mich, wie ich denn auf diesen schrägen Trip gekommen war. Auf der Stelle machte ich kehrt und stand kurz darauf vor der verschlossenen Haustüre. Ich kann mich nicht erinnern, aber mein Vater war sicher nicht erfreut darüber, mitten in der Nacht von einem entgeistert dreinschauenden Schlafwandler aus den Federn gebimmelt zu werden.

~

Wie in der Kindheit war ich auch in den wilden Wellen meiner Pubertät voll aufs Spaßhaben eingestellt. Daher stellte sich mir die Frage: „Wie kann ich meinen Spaß bekommen?" Die Antwort bekam ich von meiner Umgebung eingeflößt. Ich hatte viele Mentoren, sie hatten mich auserkoren und brachten zu meinen Ohren die Mittel, auf die sie schworen: „Wer Spaß will, braucht Macht." Jetzt, als die vollzogenen Veränderungen an meinem Körper mir bestätigten, dass ich im Begriff war, erwachsen zu werden, erfüllte mich ein unbändiger Drang nach Macht: Macht über mich selbst, Macht über meine Eltern, Macht über meine Lebenswege, Macht über meine Altersgenossen – Macht über alles, was mir potenziell Spaß bringen konnte. „Macht nichts, wenn deine Macht anderen keinen Spaß macht – Hauptsache, sie macht dir Spaß" – so plump redeten meine Mentoren zwar nicht, aber so ähnlich kam es bei mir an. „Zuerst komme ich und danach meine Wünsche und dann, was meine Wünsche erfüllt." Was in der Grundschule an armseligen Werten in mich hineinkam, kam in der Realschule an erbärmlichen Werken aus mir heraus.

Ein wichtiger Mentor für mich war die Musik. Ich war ein musikalischer Junge mit künstlerischem Hang und leidenschaftlichem Drang. Meine Eltern versuchten diese Saite meiner Persönlichkeit durch musikalische Früherziehung zum Klingen zu bringen – aber ihre diesbezüglichen Bemühungen scheiterten. Nach zähen Verhandlungen verbannte ich endlich den leidigen Klavierunterricht samt dem verhassten Klavier aus meinem Zeitplan und Zimmer. Das entstandene Vakuum füllte die Popmusik aus.

Auch wenn sich die Popstars darüber sicherlich keine tiefsinnigen Gedanken machten, ihre Musik wurde für mich zum Schlüssel, mich zu fokussieren auf das Ziel Spaß und zu fixieren auf das Mittel Macht. Unsere Idole riefen uns zu: „She's giving me good vibrations, excitations", und: „We don't need no education" – mit anderen Worten: „Habe deine Lust" und „Gebe ihnen Frust!". Die Melodien meiner Lieblingssongs stimulierten meine Gefühle und ihre Botschaften penetrierten meinen Geist.

Es ist schon merkwürdig und mysteriös, wie sich das Medium Musik bei der Mentalprägung des Menschen manifestiert. Auch wenn ich gar nichts von den Texten verstand, verstand ich alles. Auf Englischunterricht hatte ich keinen Bock, das erklärte ich meinen Paukern ohne Umschweife. Mein sanftmütiger Englischlehrer bekam einmal eine meiner Machtanwandlungen volle Breitseite ab, als ich ihm vor der versammelten Klasse lauthals erklärte: „Passen Sie mal auf, ich lebe mein Leben selbst und weiß am besten: Ich werde Englisch nie brauchen und daher ist es mir gerade mal piepegal, ob sie mir eine Fünf geben oder nicht." Er war der Klügere und sagte nur: „Ja, ja, ist schon gut, Stefan", und gab mir eine Fünf. Als ich dann nach der monodidaktischen Morgenschule im späteren Leben die autodidaktische Abendschule besuchte, wollte ich aus eigenem Interesse Englisch lernen. Als ich die Texte meiner ehemaligen Lieblingslieder analysierte und verstand, war ich verblüfft, wie haargenau sich ihre Botschaften in meinem damaligen Lebensgefühl widerspiegelten.

Bereits in Klasse fünf war ich verliebt: Meine erste Lieblingsfrau sang mein erstes Lieblingslied für meine erste Lieblingsband. Es war die Sängerin von „Middle of the Road" mit dem Titel: „Chirpy Chirpy Cheep Cheep". Die Single wurde immerhin zehn Millionen Mal verkauft. In dem Lied geht es um die gewiss todtraurige Geschichte eines kleinen Jungvögleins, welches eines Tages aufwacht und merkt, dass es von den Vogeleltern verlassen wurde. Vergleicht man den Text mit modernen Megahits, ist er an Unschuld nicht zu toppen. Das YouTube-Video über das unglückselige Vöglein mit den Rabeneltern offenbart allerdings: Das den Mainstream repräsentierende „In-der-Mitte-der-Straße-Gesangsquartett" war gar nicht so keusch, wie der Text vermuten lässt. Wenn man die im Supermini tänzelnde Blondine auf dem Video ansieht, versteht man, warum damals so viele noch „flugunfähige Jungvögel" wie ich von dem Sexappeal der Schottin wie hypnotisiert waren, sodass sie sich voller Sehnsucht wünschten, ihre Eltern wären für den Moment ihrer Fantasien öfter mal „far far away".

Als ich in der fünften Klasse war, schrieben wir das Jahr 1973. Unser Klassenlehrer war ein unverkennbarer Achtundsechziger. Er stand noch für seine Ideale. Unter anderem war er ein Verfechter der sexuellen Revolution. Sein Verhalten auf Klassenfahrt war pädagogisch sehr avantgardistisch: Nachdem einige Freunde und ich uns diverse neugierige Mädchen schnappten, unser Zimmer verdunkelten und Küss-Spiele durchführten, lag ein Pärchen gerade im Bett und stellte einen neuen Klassenknutschrekord auf – sieben Minuten, mit der Stoppuhr meines Freundes gemessen, von allen anwesenden Vorpubertierenden dokumentiert. Just in diesem Moment kam unser Lehrer, der an der Tür gelauscht hatte, hereinspaziert und überraschte uns mit den Worten: „Macht ruhig weiter. Lasst euch nicht stören. Ich finde das gar nicht schlimm. Ich gucke euch zu."

Aus der anfänglichen Neugierde am anderen Geschlecht entwickelte sich schnell eine Sexversessenheit, die sich mit Machtstreben gepaart manifestierte. Mein Leben ab dem zwölften Lebensjahr hatte keinen wichtigeren Sinn als die Suche nach Mädchenabenteuern. Um meine diesbezüglichen Fantasien aus der Theorie in die Praxis zu führen, wendete ich erstmals in meinem Leben ganz konkret meine Gaben des strategischen Planens und groben Überschlagens an, die mir später im Arbeitsprozess noch hilfreich werden sollten. Ich dachte mir, je mehr Mädchen ich anspreche und kennenlerne, desto größer ist meine Chance, die seltene Spezies aufzuspüren, die gleichzeitig attraktiv und abenteuerlustig und aufgeschlossen mir gegenüber ist. Ich suchte mir einige Freunde, die sich ebenfalls auf dieses Hobby spezialisieren wollten, und so fingen wir an, mit der Schrotflintenmethode loszufeuern. Wir tummelten uns in den Jagdgründen, wo wir Beute vermuteten: Shoppingcenter, Einkaufsstraßen, Szenecafés, Erlebnisschwimmbäder. Weil unsere Ausbeute sehr oft sehr karg war, gingen wir aus Verzweiflung auch mal in die von uns ungeliebten Diskotheken. Überall sprachen wir querbeet alle weiblichen Objekte an, die ledig zu sein schienen und uns gefielen. Auch wenn das ein mühsames Geschäft war, irgendwie und irgendwann haben wir dann manchmal Bekanntschaften geschlossen und hin und wieder kam es auch zu Abenteuern. Um uns Macht über das andere Geschlecht zu verschaffen, schreckten wir, wo wir es für angemessen hielten, auch nicht davor zurück, die Wirkung des Alkohols auszunutzen.

Manchmal waren wir bei unserer Suche auch richtig innovativ. Einmal streiften wir durch eine Wohnsiedlung, als wir plötzlich ein Mädchenfahrrad vor der Haustüre eines uns unbekannten Wohnhauses entdeckten. Dort vermuteten wir Beute. Also klingelten wir ungeniert und fragten, ob die Tochter des Hauses zu sprechen sei. Ich erinnere mich nicht mehr genau daran, was passierte, aber vermutlich standen wir da wie drei begossene Pudel, genossen unsere Verrücktheit und suchten unter Lachkrämpfen das Weite, als eine Elfjährige an der Tür erschien.

Hinter der Fassade des obercoolen Machotypen versteckte sich allerdings die einsame Verlassenheit, die mir seit meiner Grundschulzeit heimlich Kummer bereitete. Den Versuch, diese in der Beziehung zu meinen Eltern zu überwinden, hatte ich mittlerweile aufgegeben und mich vollends von ihnen und ihrem Lebensentwurf abgenabelt. Nun hegte ich die Hoffnung, ich könnte unter den Objekten meiner sexuellen Begierde ein Mädchen finden, das mich liebte, mich verstand, mir treu war und am liebsten auch noch – im Gegensatz zu mir – unverdorben war. Die Sehnsucht, meine innere Leere in solch einer Beziehung zu stillen, erwies sich indes als Illusion, denn das niveauvolle

Mädchen, welches sich mit einem primitiven Anmacher wie mir eingelassen hätte, gab es nicht.

Lust auf Macht

Was mein äußeres Erscheinungsbild, mein Image und meine Reputation anging, hatte ich genaue Vorstellungen. Es gab da drei männliche Idole, die mir als Vorbilder dienten, mein eigenes Profil zu entwerfen. Da war zum Ersten Charles Bronson, der brutale Filmheld und Rambo-Vorläufer mit dem kaltschnäuzigen und schmaläugigen Blick und dem individuellen Schnurrbart; dann zum Zweiten John Kay, der rebellisch und finster dreinschauende Oberrocker der Kultband Steppenwolf, und schließlich Arnold Schwarzenegger, der imposante Bodybuilding-Champion und Frauenschwarm aus Austria. Auf dem Abschlussfoto der zehnten Klasse ziert mich ein Oberlippenbart à la Charles, schaue ich finster drein wie John, nur meine Figur erinnert nicht an Arnold, sondern eher an den Glöckner von Notre-Dame, wegen dem vor lauter Unsicherheit eingezogenen Hals.

Inspiriert durch einen Freund fing ich mit vierzehn Jahren mit gezieltem Muskelaufbautraining an. Muskeln sahen wir an als Garanten beim Anmachen von Mädchen und Garantie beim Ausüben von Macht – gegenüber möglichen Nebenbuhlern. Ich wollte von Gleichaltrigen bewundert, respektiert und gefürchtet werden. Mein Temperament als Heranwachsender war eine sonderbare Mischung: Einerseits war ich ein Halbstarker, der den

Schwachen leicht Furcht einflößte, andererseits war ich ein „Vollschwacher", dem die Starken schnell Angst machten. In dieser Zeit waren es nicht besondere Schulleistungen, die mir bei Mitschülern Respekt verschafften, sondern brutale Schlägereien.

Doch ich hatte nicht nur Siege zu feiern: Einmal wurde ich von zwei italienischen Gastarbeitersöhnen auf dem Weg zum Schulkiosk nach Strich und Faden verdroschen, nur weil ich in meiner Gedankenversunkenheit beim Vorbeilaufen den Rucksack ihrer Freundin sanft gekickt hatte und in meinem Stolz nicht bereit war, ihrer Forderung nach sofortiger Entschuldigung nachzukommen. Ich war dermaßen gedemütigt und schockiert, dass ich nach dieser Niederlage meinen Gang zum Schulkiosk trotzdem vollendete und wie im Horrorfilm mit blutüberströmtem Gesicht und blauem Auge bei der Kioskfrau als Trost Süßigkeiten bestellte.

In meiner Klasse dachten sich, glaube ich, manche nach diesem Vorfall: „Der hat's mal verdient!" Für mich war diese Geschichte eine Unmöglichkeit. Bereits Jahre zuvor hatte ich dem Fußball den Rücken gekehrt, um stattdessen meine sportlichen Kompetenzen mit viel Disziplin in Kampfsportarten wie Karate zu entwickeln. Und jetzt, nach all diesem Training, musste ich so peinlich bloßgestellt werden.

Nachdem meine Freunde und ich ab dem fünfzehnten Lebensjahr über motorisierte Untersätze verfügten, wurden plötzlich die Mitglieder einer gesellschaftlichen Randgruppe zu unseren Vorbildern: Motorradrocker. Sie hatten Macht, man zollte ihnen Respekt und sie waren die Obercoolen. Und wir? Wir waren immerhin Mini-Rocker: Statt Motorbikes fuhren wir Mofas, statt Rockerbräuten jagten wir Ranzenfräuleins hinterher und statt ständig Starkbier tranken wir manchmal Malzbier.

Während andere Schulkameraden mit ihren Fahrrädern über die Alpen strampelten, saß ich von nun an nur noch faul und mit gekrümmtem Rücken auf meinem Feuerstuhl. Meine Eltern sorgten sich alsbald nicht nur um meine Gesundheit, als ich mit manipuliertem Mofamotor schneller fuhr, als die Polizei erlaubte, und meine ersten Unfälle erlebte. Auch meine neuen Freunde irritierten sie sehr. Denn nun gesellte sich zu der Komponente Sex auch die Koordinate Crime. Dieser Entwicklung wurde dadurch Vorschub geleistet, dass mir immer klarer wurde: Geld ist Macht. Ich beschaffte mir das zusätzliche Geld, das mir meine Eltern nicht geben wollten, und versuchte mir den Spaß zu kaufen, den ich als das Nonplusultra ansah. Anfangs machte ich mich über die unübersichtliche Münz- und Währungssammlung meiner Mutter her, dann ließ ich mal ein unabgeschlossen am Wegrand herumstehendes Fahrrad mitgehen; und später stahl ich mir selbst mein Kleinkraftrad und meldete es bei der Versicherung als gestohlen. Meine halbwüchsigen Gesetzesdelikte gipfelten dann vor einem Jugendgericht, wo mein bester Freund und ich zur Ableistung von Sozialarbeit verdonnert wurden und nichts mehr zu lachen hatten. Davon abgesehen war mein Kumpel Komiker ein Kasper, der meine Kindheit durch seine ständigen Kapriolen zum Kabarett machte, was mir dabei half, meine Einsamkeit zu unterdrücken und durch Heiterkeit zu übertünchen.

In der Gesellschaft der Halbstarken fing ich natürlich auch an zu rauchen und zu saufen – und probierte meinen ersten Joint. Wegen unseres kollektiven Bildungsnotstands grenzten wir uns von der gebildeten Welt konsequent ab. Unsere ehemaligen Klassenkameraden aus der Grundschule, die jetzt auf die Spießerschule Gymnasium gingen, waren in unseren Augen Streber und Idioten, weil sie offensichtlich nicht verstanden, das Leben wie wir auszukosten. Während sie büffeln und irgendwelche nichtssagenden Literaturwerke pauken mussten, wurde unser Vokabular überschaubarer. Das Wort für den gehörnten Geschlechtspartner der Ziege diente uns als Vielzweckvokabel: Im Sportunterricht gab es einen dämlichen Bock zum Überspringen; am Tresen gab es schon etwas Vernünftigeres, ein Doppelbock, um sich zu betrinken; dann hatten wir Bock auf alles, was uns Spaß machte; aber insbesondere gebrauchten wir dieses Multifunktionswort im Kontext mit unserem Allerheiligsten – dem Sex. Und dann besaßen wir alle noch einen Bock zum Besteigen, und der war unser Zweitheiligstes: Nun, nachdem unsere Mofas abgeschafft waren, benannten wir unsere Kleinkrafträder mit diesem Kosewort. Sie sollten funkeln und glitzern und wurden mit allem möglichen Klimbim behängt.

Als ich sechzehn Jahre alt war, montierte ich mir eine majestätische Adlerfigur an die Vollverkleidung von meinem „voll geilen Bock". Aber dieses Detail reichte mir nicht. Mein Moped sollte in der Disziplin Aussehen die ordinäre Konkurrenz um Längen in den Schatten verdrängen. Da es mir finanziell überdurchschnittlich gut ging, überlegte ich, wie ich meinem Kleinkraftrad eine unverkennbare und unnachahmliche Identität verleihen könnte. Eines Tages scannten meine Augen ein Angeber-Auto mit Glimmerlack und sogleich wurde mir offenbar: Ja, das war die Lösung. Mit einem glimmernden Lack würde mein Kleinkraftrad alle beeindrucken und wäre im Nu das begehrteste Objekt bei allen Mini-Rockern und Mini-Röcken.

Etwas später war die Idee umgesetzt und ich holte meinen Bock vom Autolackierer ab. Irgendwie sah der Glimmerlack brutal genial aus, aber irgendwie auch ein bisschen monoton. Ich war sehr verunsichert und wusste selbst nicht, ob mir die neue Farbe gefiel oder nicht. Noch war ich offen, mir mein endgültiges Urteil zu bilden. Am selben Abend – das hatte ich vorher schon so eingefädelt – versammelte sich die ganze Mini-Rocker-Gang bei mir zu Hause, um meinen frisch lackierten Bock zu bestaunen. Während dieses Zeremoniells sagte einer ehrlich, was er dachte: „Die Farbe sieht sch*** aus." Ich ließ mir nichts anmerken, aber in dem Moment fiel es mir wie Schuppen von den Augen, und ich erkannte, wie der Lackierer mein schönes Rot mit diesem dämlichen Glimmerlack in mattem Lila verunstaltet hatte. So hatte ich keine Freude mehr an meinem Bock und daran konnte auch der wiederangebrachte Adler nichts ändern. Das Fahrzeug wurde kurze Zeit später vermisst gemeldet und nie wieder aufgespürt.

Schon ein paar Wochen später hatte ich einen neuen Bock – diesmal mit einer exklusiven und verkehrsuntauglich langen Chopper-Gabel –, der bei der Mini-Rocker-Gang seine Wirkung nicht verfehlte. Es war ein Motorrad für gemütliche Touren. Nicht immer raste ich mit meinen Zweirädern wie ein Rennfahrer. Besonders wenn ich meine bevorzugte Umwegstrecke durch die Haupteinkaufsstraße in Langen nahm, zelebrierte ich das Langsamfahren. Wurde ich von interessanten Leuten gesehen, richtete ich meinen halslosen Kopf nach vorne; wurde ich von niemandem gesehen, drehte ich ihn um neunzig Grad (was damals noch problemlos ging) und schielte zu den großen Schaufenstern der Kaufhäuser. Und da sah ich in der Spiegelung, was meine Sehnsucht nährte, was ich verehrte und man (so hoffte ich) begehrte: auf der Straße der Bock und auf dem Bock sein Gefährte.

Einmal erhielt ich allerdings auf so einer selbstgefälligen Schaufahrt eine kalte Dusche, die mich jäh aus meinen Tagträumen riss. Ich ritt gerade mit meinem Bock durch unsere Wohnsiedlung, als mir eine blond gelockte Frisöse allein auf weitem Bürgersteig entgegenschwebte, mit der ich einmal ein beiläufiges Techtelmechtel gehabt hatte. In der Regel guckte man sich nach solchen Affären nicht mehr an und so hielt ich, stolz auf dem Sattel sitzend, meinen Blick gleichgültig nach vorne gerichtet. Doch was geschah? Sie ignorierte mich nicht, sie imitierte mich! Kurz bevor ich gedachte, im Triumphzug an ihr vorüberzugleiten, machte sie auf offener Straße eine Schande aus meinem Ritt: Sie rümpfte ihre Nase, streckte ihre Zunge raus, machte eine unmissverständlich abfällige Grimasse und blies mit verächtlichem Pathos ein Motorgeräusch aus ihren Pausbacken, während sie mit ihren Händen den Griff nach einem virtuellen Lenker mimte. Offensichtlich hatte sie noch eine alte Rechnung zu begleichen.

Solche Momente ließen mich an meiner Heldennatur zweifeln.

~

Während der Pubertät plagten mich massive Selbstzweifel: Finden mich andere wirklich so toll wie ich mich selbst? Sehe ich gut aus? Merken andere, wie minderwertig ich mich manchmal fühle? Lacht man mich vielleicht sogar aus? Ich war häufig mit Imagepflege in eigener Sache beschäftigt. Als Marketingabteilung meines eigenen Macho-Bildnisses manifestierte ich meine Macht gegenüber Mitschülern, manchmal mit männlicher Muskelkraft und manchmal nur durch mein mobbendes Mundwerk. Ich hatte eine intuitive Wahrnehmung für die „Versager" unserer Jahrgangsstufe, die ich als Gegenentwurf zu meiner überlegenen Majestät ansah.

Wir hatten in unserer Klasse einen Jungen, den nahm ich fast nicht wahr, weil er in meinen Augen ein Weichling und Schwächling war. Im Laufe der Realschulzeit veränderte sich auch seine körperliche Konstitution und er wuchs und wurde kräftig und männlich. Irgendwann, ich glaube, es war in der zehnten Klasse, fauchte er mich plötzlich aus heiterem Himmel an und ich spürte eine Wahnsinnsenergie und Willenskraft in ihm, die sich mit voller Zornesglut gegen mich entlud. Ich kann mich nicht an die Details erinnern, aber viel später verstand ich, dass sein Ausbruch von Antipathie einfach nur die Folge meiner jahrelangen Ablehnung und Arroganz gewesen war. Mir war überhaupt nicht klar, wie tief und oft ich meine

Mitschüler damals verletzte. Offensichtlich war es mir auch gar nicht besonders wichtig, so etwas wahrzunehmen.

Es gab da noch einen anderen Jungen, der erst kurz vor der Mittleren Reife in unsere Klasse kam. Er war höher gewachsen als der andere, aber auch recht schmal und nicht sonderlich sportlich. Er verfügte aber bereits über ein gesundes Selbstbewusstsein und besaß ein geschultes Sprachorgan. Als er in unsere Klasse kam, fiel ich ihm schnell als Obermobber auf, wobei er sich als Anwalt der Gemobbten verstand. So fing er an, mich zu attackieren und zu piesacken, und er war darin sehr beharrlich und geschickt. Immer wenn ich mich im Unterricht aufblähte, versetzte er mir ironische Kommentare. Er dachte sich sogar einen Spitznamen für mich aus und nannte mich immer wieder voller Ironie „Star". Meine Allüren wollte er abservieren und das gelang ihm gut.

Mit seinen Sticheleien legte dieser Klassenkamerad seine Finger in eine Wunde. Ich konnte es nicht leugnen, dass ich eine Neigung zur Überheblichkeit hatte. Durch seine Verbalattacken half er mir, meine Selbstherrlichkeit zu erschüttern. Bislang hatte ich mich als jemand gesehen, der es aufgrund seiner Person, seines Besitzes und seiner Leistungen verdient hatte, dass ihm andere Respekt, Anerkennung und Wertschätzung zollten und er über sie Macht ausübte. Jetzt dämmerte mir langsam, dass das nicht in Ordnung war. Tief in mir drin vernahm ich erstmals eine flüsternde Stimme, die mich zur Umkehr mahnte, doch sie wurde übertönt von den laut grölenden Lautsprechern der Genusswelt um mich herum.

Den Realschulabschluss schaffte ich mit Hängen und Würgen und einer Durchschnittsnote von drei Komma fünf. Ich hatte keinen blassen Schimmer, was ich einmal beruflich machen wollte. Ich wusste nur, was ich nicht machen wollte: bei meinen Eltern in der Firma schuften. Ich hatte ja schon von so manchem langweiligen Job gehört, aber als die allergrößte Spaßbremse und Berufsplage stellte ich mir diesen Holzbearbeitungskrempel meines Vaters vor. Wenn es schon unbedingt sein musste, dass ich für irgendeinen Herrn acht Stunden pro Tag Sklave sein sollte, dann wenigstens in einer Spaßbranche, wo man mit aufregenden, spektakulären oder vergnüglichen Dingen Umgang haben könnte. Ein Dasein als Reiseleiter, Kinobetreiber, Wellenreiter oder Flugbegleiter hätte ich mir schon irgendwie vorstellen können, aber was meinen Vater an grau-grünen und ölig-schmierigen Maschinen begeisterte, war mir ein Rätsel.

Als ich mich dann mit meinem Kopf voller Flausen in die Welt nach draußen begab, verließ mich schnell mein Ideenreichtum. Ich hatte kurz vor der Mittleren Reife noch keine Lehrstelle und die einzige Bewerbung, die ich abschickte, blieb unbeantwortet. Meine wenig glorreiche Schulkarriere erwies sich nun als Jobbarriere. Am Ende entschied ich mich aus dem Bauch heraus für genau den Lebensweg, der mir als der Unliebsamste erschienen war, und unterschrieb einen Ausbildungsvertrag bei meinem Vater.

An riskanten Schluchten während der Ausbildung

Generation ohne Werte

Als ich 1979 meine Ausbildung antrat, war die meine Kindheit so massiv prägende Kulturströmung der Achtundsechziger bereits elf Jahre Geschichte. Was war geworden aus der Revolte, die im Jahrzehnt zuvor noch grollte?

Stellen wir uns einmal vor, ein Achtundsechziger würde mit einer Zeitmaschine in die Gegenwart reisen. Würde er der heutigen vom Geld geknechteten Generation Worte der Empörung oder Waffen der Zerstörung entgegenstellen? Darüber könnte man streiten. Unstrittig aber dürfte sein, dass er in Erstaunen und Ernüchterung versetzt würde, wenn er sich vergegenwärtigte, was aus der Revolte von damals geworden ist. Dazu ein imaginärer Dialog zwischen einem zeitgezoomten Achtundsechziger-Junior und einem zeitgenössischen Achtundsechziger-Senior:

„Junger Rebell, was machst du denn hier?"

„Alter Aktivist, du stinkst nach Gier! Hast dich wohl voll mit dem Spießertum arrangiert! Was habt ihr nur aus unseren Ideen gemacht?"

„Von wegen Spießer! Wir haben die Welt mit unseren Ideen infiltriert. Schau nur her, was wir aus der Welt der Spießer gemacht haben: Ihre Religion – erntet nur noch

Hohn; das Familienband – hat heut abgedankt; Frauen an die Macht – haben wir gebracht; Kinder sind nun frei – von der Tyrannei! Und last but not least: Alle sind verzückt – und ganz sexverrückt!"

„Ja, ja, ich weiß. Aber das waren doch alles nur Nebenschauplätze! Was ist aus unserem Kardinalfeind, dem Kapitalismus, geworden? Es sieht mir danach aus, als sei heute die Diktatur des Geldes unerträglicher als damals. Morgen mache ich eine Demo gegen den Wirtschaftsimperialismus der Konzerne des Westens. Kommst du mit?"

„Ich bin doch nicht blöd", antwortet der alte Pragmatiker dem jungen Idealisten, ich sitze heut selber in der Chefetage eines Konzerns …"

Als radikale Gegen-die-Kultur-Schwimmer veränderten die Achtundsechziger unsere Gesellschaft wie kaum eine andere Bewegung. Doch später wurden sie zu resignierten Mit-dem-Kommerz-Gehern, die sich mit den profitorientierten Normen arrangierten, gegen die sie anfangs angekämpft hatten. Wie konnte es dazu kommen? Ich denke, sie scheiterten, weil sie versuchten, die Macht- und Geldgier der Völker mit der Selbst- und Sexgier des Volkes auszutreiben.

Es wäre freilich zu kurz gegriffen, als wesentlichen Grund für das Scheitern der Achtundsechziger ihre Sexbesessenheit aufzuführen, aber einen gewissen Einblick in ihre Psyche vermittelt diese schon: Wenn jemand seinem Sexualtrieb skrupellos nachgeht und dem Sponti-Spruch folgt: „Wer zweimal mit derselben pennt, gehört schon zum Establishment", der missbraucht wohl seine Ideologie als Vehikel für die Befriedigung seiner egoistischen

Gier. Es würde mich nicht wundern, wenn diese Person auch noch andere hedonistische Tendenzen aufzeigte. Wer Selbstgenuss zu seinem Credo erhebt, der wird früher oder später seine Ideale kompromittieren und seine Gegenstrommuskeln werden sich zurückbilden.

Ein anderer Spruch der Achtundsechziger lautete: „Wer nicht genießt, wird ungenießbar." Mit anderen Worten: Sie genossen sich und ihre Joints und in ihrer Selbstzufriedenheit wurden sie genießbar und gut verdaulich für ihre Widersacherin, die hungrige Wirtschaftsströmung. Im Laufe der Zeit lösten sie sich auf im Establishment, und wenn sie nicht gestorben sind, leben sie noch heute dort – angepasst, assimiliert und absorbiert.

Wenn den Achtundsechzigern auch die Genugtuung verwehrt blieb, ihre eigenen Ideale umgesetzt zu sehen, so reproduzierten sie sich zumindest. Ihre Affäre mit der Strömung des Wirtschaftswunders bescherte ihnen Nachkommen, und zwar eine Generation Mischlingskinder mit wetterwendischen Neigungen.

Eines davon war ich. Wir lebten den Spagat zwischen den Werten der Materialisten und der Amoralisten und waren genussgierige Opportunisten. Uns war es einerlei, ob wir auf einer Abenteuertour durch den Samstagabend unsere Mädchenbekanntschaften in einem Schickimicki-Klub oder einer Hippie-Disco machten. Und die Mädels, die wir dann manchmal abschleppten, hatten eine ähnliche Zwitteridentität wie wir. Sie sahen keinen Widerspruch darin, wenn aus unserem Machoauto Freakmusik dröhnte.

Einmal luden uns zwei eher wohlerzogene Schülerinnen

nach Hause ein und servierten uns eine selbst gemachte Torte. Wir waren drei Jungs und machten uns einen Heidenspaß daraus, das Teil innerhalb von fünf Minuten beinahe ratzeputz aufzufressen. Für die Gastgeberinnen ließen wir nur ein kleines Stückchen übrig, in das ich mit voller Wucht das lange Küchenmesser hineinrammte. Mit diesem Bild der Kuchentafelverwüstung dokumentierten wir: „Die Hälse der Gier waren hier!" Die gesellschaftlichen Strömungen unserer Jugendzeit hatten uns erfolgreich konfiguriert. Die Wirtschaftsströmung machte uns Lust auf das Materielle und wurde immer mächtiger – die Kulturströmung entfachte unsere Gier auf das Sinnliche, aber ihr ging langsam die Strömungspuste aus.

Die Achtundsechziger wollten Gesellschaft und Wirtschaft reformieren. Es mutet schon grotesk an, dass sie als Intellektuelle so naiv waren, den von Kerouac aufgezeigten Egotrip zur Selbstverwirklichung als nachhaltig anzusehen. Die Rocker von Steppenwolf waren sich dessen sicher nicht bewusst, aber sie brachten diese Widersprüchlichkeit 1969 in ihrem legendären Hit „Born to be wild" mit erstaunlicher Präzision auf den Punkt. Es war die Rockband, die als Teenager meine unangefochtene Lieblingsband war; es war der Rocksound, nach dem später eine ganze Musikindustrie („Heavy Metal Thunder") benannt werden sollte; es war der Rocksong, der später wie kaum ein anderer mit den Achtundsechzigern assoziiert werden sollte – und es war die Filmmusik zu „Easy Rider", dem Film, der mehr als alle anderen die Idee von Kerouacs „Unterwegs" auf die Leinwand brachte.

Mit prophetischer Vorsehung spricht der Text vom

Scheitern der Achtundsechziger: Wie die Beatniks und die Steppenwölfe verstanden sich viele Teilnehmer der Studentenrevolte als wahre Kinder der Natur, geboren, um den wilden und gierigen Instinkten der Kreatur hemmungslos nachzugeben (Born to be wild / Like a true child of Nature). Sie hatten Lust auf ständige Abenteuer (Looking for adventure / in whatever comes our way) und wollten sich in immer höhere Sphären der Befriedigung katapultieren, um diese nachhaltig und unsterblich zu genießen (We can climb so high / I never wanna die). Doch Pusteblümchen – daraus wurde nichts! Während sie mit ihren Liegestuhlmotorrädern auf Spritztour gingen (Racing in the wind) und nach einer romantisierten Welt der wilden Liebesumarmungen suchten (Yea darlin', gonna make it happen / Take the world in a love embrace), verschossen sie ihr Protestpulver bis auf die letzte Patrone und lösten sich schon ab dem nächsten Jahrzehnt im luftleeren Raum auf (Fire all of your guns at once / And explode into space).

So kam es in meiner Jugend zu einer überraschenden Fusion: Die beiden verfeindeten Strömungen der Wirtschaft und Kultur versöhnten, vereinten und verbündeten sich. Um eine gemeinsame Richtung zu beschließen und miteinander zu fließen, erwartet man von Partnern, dass sie Kompromisse eingehen: Die Kulturströmung blieb bei ihrer Amoral, musste aber ihren Antimaterialismus um das Präfix „Anti" reduzieren; die Wirtschaftsströmung blieb bei ihrem Materialismus, musste aber die Vorsilbe „A" zu ihrer scheinheiligen Moral addieren.

Das Ganze klang nach einem fairen Kompromiss, war

aber ein fauler. Denn später, als die Parolen der Achtundsechziger nach und nach in den Wassern des Konsums und der Geschäftigkeit verstummten, feierte die Wirtschaftsströmung still und heimlich einen Doppelsieg. Sie hatte nun nicht nur die jungen Revoluzzer mit ihrer Stromrichtung gleichgeschaltet, sondern auch eine alte Rivalin ausgeschaltet: die ihr schon immer verhasste Moral. Auch wenn die mit allen Wassern gewaschene Wirtschaftsströmung nach dem Krieg mit dem moralisierenden Establishment koaliert hatte, war sie noch nie eine Freundin der Moral gewesen. Sie konnte sich an allen Fingern abzählen, dass moralische Tugenden wie Selbstbeherrschung, Verzichtsbereitschaft und Nächstenliebe keine hilfreichen Bausteine für die Errichtung eines endlos wachsenden Wirtschaftsimperiums waren.

Um ihre Vision vom Turbokapitalismus ohne moralische Schranken umzusetzen, wartete die Wirtschaftsströmung schon lange auf eine Gelegenheit, die einschränkende Moral endlich loszuwerden. Sie wollte ihre Genossen – die konsumfreundlichen Bürger – von ihrer Lebensweise – der konsumfeindlichen Moral – trennen. Aber wie konnte sie das anstellen, ohne ihre eigenen verbündeten Bürger zu brüskieren? Da kamen ihr die Achtundsechziger mit ihrem Amoklauf gegen die Moral wie gerufen. Dass sie dabei auch gegen den Kapitalismus Sturm rannten, ließ die Strömung mit verkäuferischem Pokerface über sich ergehen, denn sie wusste, sie hatte den weiteren Blick und den längeren Atem.

Als dann in meiner Jugend die materialistische Geldgier und die amoralische Lustgier nicht mehr länger gegeneinanderflossen, sondern miteinander strömten, wurde die Stressneigung der beiden Strömungen potenziert und gemeinschaftlich mehr Stress produziert. Der Strom der Gestressten war geboren! Und dessen Schubkraft sollten meine Zeitgenossen und ich, und besonders unsere Kinder, in der Folge noch zu spüren bekommen.

Fahren ohne Führerschein

Ich hatte keine Ahnung, worauf ich mich mit meiner Ausbildung zum Großhandelskaufmann bei der Firma Höchsmann in Langen einließ – und meine Eltern auch nicht. Auf jeden Fall zeigte sich schnell, dass mein Entdeckerdrang im Umfeld des Unternehmens weitere Befriedigung finden sollte. Am Anfang meiner Ausbildung war ich siebzehn und noch ohne Führerschein. Das Unternehmen meiner Eltern lag abseits von unserem Wohnhaus im Langener Gewerbegebiet. Meine Eltern trauten mir und gaben mir einen Zentralschlüssel für den Gewerbebau. Irgendwann kam ich in Bezug auf meine Schlüsselgewalt auf die Idee, man könnte die Büroräumlichkeiten ja auch für persönliche Zwecke nutzen; insbesondere nachts, wenn meine Eltern schliefen. Ich organisierte diverse Übernachtungsprojekte mit Bekannt("inn")en, die zu Hause tabu gewesen wären.

Irgendwann dämmerte es mir, dass ich ja auch die Gewalt über die Autoschlüssel der verschiedenen Betriebsautos hatte, die im Schlüsselschrank im Büro zu finden waren.

Es war Winter. In der elenden Kälte erachteten wir es

als eine Zumutung, mit unseren Mopeds durch die Gegend zu kurven. Da kam ich auf eine Idee. Warum nicht mal Autofahren lernen? Erfahrung beim Lenken hatte ich schon an diversen Spielautomaten gesammelt; außerdem wusste ich vom Kleinkraftrad ungefähr, wie das mit der Kupplung funktionierte. Ich holte mir Komiker und einen weiteren abenteuerlustigen Kumpel ins Firmengebäude und los ging's.

Es funktionierte! Wir wussten zwar nicht, wie bei unsrem ersten Übungsobjekt, einem grünen VW Passat, der Rückwärtsgang eingelegt wurde, aber vorwärts ging es gut. Und immer dann, wenn wir mal rückwärts aus einer Parklücke herausfahren mussten, stiegen meine Freunde aus und schoben den Volkswagen rückwärts auf die Straße. So hatten wir nun für unsere nächtlichen Spritztouren Autos zur Verfügung und fühlten uns schon ganz schön erwachsen. Dabei passte das Offenbacher Kennzeichen OF sehr gut zu uns, denn wir witzelten, das stünde für „ohne Führerschein". Wir fuhren Hunderte von Kilometern und ich wurde langsam erfahren am Steuer. Den Rückwärtsgang fanden wir auch irgendwann.

Eines Tages, als an unserem Wohnhaus mal wieder Umbaumaßnahmen durchgeführt wurden, parkte mein Vater seinen nagelneuen, makellosen und blitzeblanken Porsche 928 im Unternehmen, weil er nicht wollte, dass sein flotter Flitzer durch Bauschutt in Mitleidenschaft gezogen würde. Meinen strategisch planenden Augen entging dieser Sachverhalt nicht. Nachts schlichen meine zwei Freunde und ich uns in die Firma und hijackten das wehrlose Luxusfahrzeug.

Natürlich wollten wir mal sehen, wie schnell dieser Straßenrennwagen fahren konnte und ob er auch so leicht in der Spur zu halten war wie die Formel-1-Flitzer, mit denen wir an den Automaten in den Spielhallen bereits Erfahrungen gesammelt hatten. Ich lenkte den Sportwagen auf die Autobahn und gab Gas. Bei 180 km/h kamen die ersten „Nicht so schnell!!"-Rufe eines meiner Mitfahrer mit der sensibleren Risikowahrnehmung. Wenn ich mich recht entsinne, feuerte mich mein Busenfreund Komiker hingegen an, mehr Gas zu geben. Bei Tempo 230 (nicht übertrieben!) hatte ich das Fahrzeug immer noch souverän im Griff. Die zweispurige Nachtautobahn am Frankfurter Kreuz war total frei.

Doch dann war da ein kriechender Sonntagsfahrer auf der rechten Spur, dessen Fahrstil einer Schlaftablette glich. Der musste nun in einer lang gezogenen Linkskurve bei dieser Geschwindigkeit überholt werden. Plötzlich merkte ich, dass die sich mit Annäherung an das langsamere Fahrzeug schnell verengende Lücke doch recht schmal wurde in Proportion zu der hohen Geschwindigkeit und der geringen Fahrpraxis. Ich latschte ruckartig auf die Notbremse und wir kamen massiv ins Schlingern, aber die Kontrolle über das Fahrzeug wurde zurückgewonnen. Das war knapp.

Als wir dann in Bad Homburg vor der Disco ausstiegen und ich den Porscheschlüssel vermutlich erst nach Eintreten durch die Tanzpalasttür in Zeitlupe in meine Tasche sinken ließ, mussten wir enttäuscht feststellen, dass kein einziger Mensch wahrgenommen hatte, mit welchem Auto wir aufgekreuzt waren.

Das lizenzlose Fahren kam mir teuer zu stehen: Denn strotzend vor Zuversicht wurde ich nach nur zwölf Fahrstunden zur Führerscheinprüfung zugelassen und fiel beim Rückwärts-auf-der-linken-Seite-Einparken glatt durch. Als ich dann nach der zweiten Prüfung den Lappen in der Hand hielt, kaufte ich mir noch in derselben Woche eine 1000er Kawasaki – sehr zum Leidwesen meiner Eltern. Mein Bruder zog nach und besorgte sich eine 900er Honda.

In diesen Jahren, als sich die zwei zielstrebigen und abenteuerlustigen Junioren der Firma Höchsmann mit reichlich Pferdestärken bewaffneten, wurden meine Eltern am laufenden Band mit Unfällen ihrer Söhne konfrontiert. Die spektakulärsten Zusammenstöße hatte mein Bruder. Einmal rammte er mit seinem Zweirad einen Pkw, überschlug sich und landete hinter dem Fahrzeug tatsächlich wieder auf seinen Füßen. Ein anderes Mal prallte er mit seinem VW GTI auf einen tödlich verunglückten Vordermann, der in der Dämmerung auf einen unbeleuchteten auf der B40 parkenden US-Panzer geknallt war.

Aber auch meine Kollisionen trugen dazu bei, dass der Alltag meiner Eltern nicht langweilig wurde. Ich zählte in den ersten zwei Jahren meiner Autofahrpraxis neun Blechschäden, von denen einige unwesentlich waren. Mein schwerster Unfall ereignete sich in Langen einige Kilometer von unserem Wohnhaus entfernt, als ich es gerade eilig hatte, noch über eine grüne Ampel zu kommen. Ich nahm rasant eine enge Rechtskurve auf regennasser Fahrbahn, doch trotz eingeschlagenen Lenkrads schlitterte das Fahrzeug wegen überhöhter Geschwindigkeit geradeaus weiter. In dem Moment knallte ich mit vollem Karacho frontal auf einen mir entgegenkommenden Pkw. Das Resultat waren zwei Totalschäden und eine leichte Verletzung auf der Gegenseite. Die zwei schwer brüskierten und leicht lädierten älteren Damen, die aus dem anderen Fahrzeug herauskrochen, kamen mir nach einer Weile Small Talk etwas bekannt vor und ich fragte, ob es sich bei ihnen nicht etwa um unsere unmittelbaren Nachbarn handelte, die seit Jahrzehnten die andere Hälfte unseres Doppelhauses bewohnten. Sie bejahten das. Wir hatten sonderbarerweise keinen Kontakt zu ihnen und ich hatte schon jahrelang nicht mehr mit ihnen gesprochen. Nun waren sich immerhin einmal unsere Autos ganz schön nah gekommen.

Übernachten ohne Geld

Die vielen Unfälle änderten nichts an der Tatsache, dass nun die zweite Reisewelle meines Lebens anbrach. Meine Freunde und ich waren abenteuerhungrig. Während meiner zweijährigen Ausbildungszeit war ich schätzungsweise an vierzig Wochenenden unterwegs auf Funreisen. Allerdings liefen unsere Vergnügungstouren anders ab, als das Wort vermuten lässt, jedenfalls in Bezug auf unsere Unterkünfte. Wir hatten ein innovatives und sehr abenteuerförderndes Reisekonzept entwickelt. Meist reisten wir zu viert in einem Pkw – mit Schlafsäcken und Isomatten. Überflüssiges Geld hatten wir nicht zu verschenken, also sagten wir uns: „Wir übernachten überall, nur nicht dort, wo die Nacht etwas kostet."

Eines Nachts im Sommer kampierten wir in Heidelberg in einer Schaufensternische vor einem großen Kaufhaus, wie die Penner. Am Gardasee, unserem absolut favorisierten Reiseziel, schliefen wir in dem malerischen Ort Malcesine immer draußen. Da gab und gibt es den Schnellimbiss Pedro am Seeufer, dessen Hütte uns genug Schutz bot gegen den nächtlichen und nervenden Nordwind. Mitten in der Nacht kam Pedro manchmal in seine Bude und lieferte Lebensmittel an. Es störte ihn nicht, dass er über vier sich schlummernd stellende Schlafmumien steigen musste, um seine Vorräte zu verstauen.

Einmal schliefen wir etwa 200 Meter entfernt von der Pedrohütte in einem Park, als nachts ein Freund urplötzlich anfing, furchtbar zu jammern, und über tierische Ohrenschmerzen klagte. Wir rasten nach Riva zur Notfallaufnahme des Hospitals, wo ihm eine kleine Spinne aus seinem Gehörgang herausoperiert wurde. Den hatte die Spinne dummerweise als stationäres Versteck für die Ablage ihrer Eier missinterpretiert. Nachdem die Achtbeinige ausgespült war, waren die Schmerzen augenblicklich vorbei. Wir fuhren zurück und legten uns genau an denselben Platz. Der Betroffene war wieder guter Dinge und scherzte: „Jetzt stecke ich mir aber Ohrenstöpsel rein." Ich fand das bemerkenswert, wie locker er damit umging.

Einige Jahre später auf Hawaii, als ich eine Schule zu meinem Motel machte und unter dem Vordach des Pausenhofs Obdach gefunden hatte, zwickte während der Morgendämmerung etwas an meinem Oberarm. Erst dachte ich, ich hätte mich am Reißverschluss des Schlafsacks verletzt. Dann ging ich doch ins Krankenhaus, wo mir erklärt wurde, dass ich wohl Besuch von einem skorpionähnlichen „Centipede Creeper" bekommen hatte; aber da ich noch so gut aussähe, bestünde offensichtlich keine große Gefahr.

In der kälteren Jahreszeit war das mit dem Übernachten im Freien nicht so einfach, was uns zu innovativen Ideen inspirierte. Das Spektrum unserer kostenlosen Logis reichte ohne Übertreibung vom Bahnhofsklo bis zum Luxushotel. Auf einer Tour Richtung Schweiz regnete es und wir waren müde und verzweifelt, weil wir einfach keine geeignete Übernachtungsstätte fanden. Hundemüde kamen wir an einen Bahnhof und fanden ein verlassen scheinendes Herren-WC mit genug Platz für uns und unsere Matten. Wir legten uns flach auf den Boden, blendeten den Geruch aus und machten es uns in unseren Schlafsäcken gemütlich. Doch dummerweise dauerte es nicht lange und schon geisterten diverse düstere Gestalten durch unser Schlafgemach und verrichteten allerlei Geschäfte in unserer unmittelbaren Umgebung, sodass wir doch noch vor Sonnenaufgang das Weite suchten.

Der Dauerregen war noch im vollen Gange und so wurden unsere Ideen immer verrückter und verworrener. Wir stiegen ab in einem Mehrparteien-Wohnblock, dessen Haustüre nicht zugesperrt war. Mit unseren Schlafsäcken schlichen wir in das Untergeschoss und fanden einen offenen Abstellkeller mit genug Bodenplatz für uns alle. Wären wir erwischt worden, hätte die Presse vielleicht mit der Schlagzeile „Eindringlinge beim Einbruch eingeschlafen" über uns berichtet. Nach einer ruhigen Nacht erwachten wir zum Sonnenaufgang und setzten unsere Vergnügungsreise fort.

Einmal, es muss wohl mitten im Winter gewesen sein, suchten wir ebenfalls etwas Warmes. Es war schon dunkel, als wir in das luxuriöse SI Hotel am Stuttgarter Airport marschierten und zielstrebig und unbemerkt den Aufzug bestiegen, der uns ins oberste Stockwerk beförderte. Da fanden wir auf dem Hotelgang eine Nische, wo wir uns mit unseren Schlafsäcken auf dem Flurteppich ausbreiten konnten. Mitten in der Nacht wachte ich auf und bemerkte, wie Hotelgäste an uns vorbeischlichen. Sie müssen ganz schön verdutzt geguckt haben, als sie uns Halbwüchsige da auf dem Hotelflur liegen sahen.

Höchste Motivation und erstes Ziel auf unseren Reisen waren, wie schon erwähnt, Damenbekanntschaften. Unsere Behelfsunterkünfte erwiesen sich dabei sogar als zielführend: Nicht selten wurden wir gefragt, wo wir schliefen. Unsere Masche war dann immer, auf die Mitleidsdrüse zu drücken. Denn unser Traum war natürlich nicht, zu nächtigen in der Gasse, sondern lieber bei Mädchen der Extraklasse – und das ohne Kasse. So gaben wir uns als arme Obdachlose aus. Nicht selten wurden wir dann in Hotelzimmer oder Privathäuser eingeladen und das hob natürlich unsere Abenteuerstimmung.

Anmache ohne Skrupel

Wir suchten uns unsere Beute nach nur zwei Faktoren aus, und zwar der äußeren Erscheinung von erstens dem

Gesicht und zweitens der Figur. Unter uns vergaben wir für diese Faktoren Schulnoten von Eins bis Sechs: „Deine war gestern eine Vier und meine eine Zwei!" Natürlich waren wir auf Einser aus, aber da es unrealistisch war, immer nur Einser kennenzulernen, gaben wir uns zuweilen mit Bekanntschaften in allen Notenkategorien zufrieden.

Als wir zu viert einige Wochen durch Frankreich streunten, lernten wir unter anderen zwei deutsche Mädels kennen – ich glaube eine Zwei plus und eine Zwei minus –, denen einer von uns unser Bewertungssystem ausplauderte. Er verriet ihnen, welche Noten jeder Einzelne von uns ihnen verpasst hatte. Vermutlich wollte unser Kumpel, die Petze, durch diese Aktion bei ihnen Punkte sammeln. Die beiden Zweier waren aber nicht auf den Mund gefallen und gaben uns prompt eine Retourkutsche, indem sie benoteten, wer von uns am besten und am schlechtesten aussah. Am Ende landete ich mit meinem Aussehen auf Rang drei von vier. Das fand der nach Höchstbewertungen strebende Sportler in mir gar nicht lustig.

Die Achtundsechziger-Pädagogen-Generation hatte uns ja beigebracht, dass es unbedingt zum Gutmenschentum dazugehörte, wenn man seine Triebe nicht unterdrückt, sondern sie ungehemmt auslebt. An dieser Theorie dürfen Zweifel angemeldet werden – bei uns jedenfalls kam dabei nichts Gescheites heraus! Auf einer meiner vielen Gardasee-Reisen war ich einmal zu zweit unterwegs mit Spinnenohr. Er war übrigens derjenige von uns vieren, den die unverschämten Mädchen in Frankreich den Rang eins in der Disziplin Optik verliehen hatten. Wieder lernten wir zwei Mädchen kennen, eine Eins und eine Drei. Die beiden hatten Mitleid mit uns „Obdachlosen" und luden uns zu einer heimlichen Nacht in ihr Hotelzimmer ein. Ich lag bei der Drei, mein Freund bei der Eins. Nachdem wir hinter uns brachten, was wir uns vorher erdachten, wäre es nach dem Lehrbuch zur hedonistischen Glückseligkeit nun eigentlich angebracht gewesen, dass die beiden Spontanpaare noch bis zum Morgengrauen romantisch und kuschelig nebeneinander geschlummert hätten und danach an einem strahlenden Morgen ein blendendes Frühstück im Bett eingenommen hätten. Aber ich wollte nicht bis zum Morgen warten, sondern nach diesem Abenteuer nur noch eins: raus aus diesem Bett und nicht mehr neben der Frau liegen, die ich gerade so behandelt hatte, als würde ich sie lieben, obwohl ich mich nur selbst liebte. Diese Heuchelei konnte ich jetzt, wo mein Part vorbei war, nicht länger ertragen. Ich überredete meinen Kumpel, das Feld zu räumen. So zogen wir noch mitten in der Nacht an das Ufer des Gardasees, wo ich mit meiner Isomatte auf unbequemen Kieselsteinen unbeschwerter schlafen konnte.

Außendienst ohne Bremse

Irgendwann, ich glaube, es war noch im ersten Lehrjahr, übertrugen meine Eltern mir die Aufgabe, mich einmal pro Woche in der Wetterau zum Warenaustausch mit unserem Außendienstler aus Oberhessen zu treffen. Mit dem von meinem Bruder gestylten Golf GTI mit Vollgas über die A5 zu heizen, war für mich eine willkommene Ablenkung von dem eintönigen Büroalltag. Dann meinte mein Vater, ich sollte doch bei der Gelegenheit mal probieren, Schreinereien zu besuchen. Er gab mir einige Adressen. Als ich mit meinen Fingern die erste Kundenklinke meines Lebens in Ober-Mörlen putzte, hatte ich meinen ersten Erfolg. Der Kunde meinte: „Ich brauche ein Werkzeug." Ich entgegnete ihm: „Keine Ahnung von Werkzeugen." Er meinte: „Gib mir deinen Katalog." Er suchte mir die Bestellnummer und den Preis seines HSS-Fräsers heraus und fragte nach Rabatt. „Da kenne ich mich aus!", schoss es aus mir heraus. Mit plakativer Großzügigkeit gab ich ihm fünf Prozent Nachlass von unseren vierzig Prozent Händlerrabatt.

Den ersten Auftrag meines Lebens hatte ich damit in der Tasche. Als ich vom Hof fuhr, war es später Nachmittag; das Licht am Himmel war beeindruckend. Ich parkte mein Fahrzeug nur einige Meter von dem Schreiner entfernt und entdeckte einen Regenbogen in einer Schönheit und Klarheit, wie ich es vorher noch nie erlebt hatte. Ehrfurchtsvoll schaute ich auf den Bogen am Horizont. Irgendwie erinnerte ich mich dabei an die Gebete meiner Kindheit und so bestaunte ich das Werk meines Schöpfers. Dass dieses ermutigende Himmelszeichen direkt nach meinem ersten Kundenbesuch und Erfolgserlebnis erschien, fand ich später bemerkenswert und war für mich ein verheißungsvoller Start in meine Businesskarriere.

Inspiriert durch diverse Anfangserfolge änderten meine Eltern im Einvernehmen mit ihrem Filius den Ausbildungsplan. So kam es, dass ich in meiner Lehre über weite Strecken nicht von meinen Eltern zum Großhandelskaufmann, sondern von mir selbst zum Außendienstmitarbeiter ausgebildet wurde. Ich kam dabei gut voran und das spornte mich an. Nach dem ökonomischen Prinzip entwickelte ich Ideen, wie ich mit minimalem Einsatz maximalen Erfolg generieren konnte. Ich betrachtete die Landkarte und begann mir alle interessanten Holzverarbeiter in meinem Gebiet als Eroberungsobjekte zu markieren. Mit pedantischem Eifer machte ich mich daran, einen nach dem anderen als Kunden zu gewinnen. „Nun dreht der faule Sohnemann wohl seinen Turbolader an", müssen sich meine Eltern gedacht haben. An jedem Außendiensttag begleitete mich mein ehrgeiziges Wettkampfbewusstsein und ich ging, getrieben von der unbändigen Gier in mir, auf Rekordjagd: mehr Aufträge schreiben als je zuvor, mehr Neukunden besuchen, mehr Verkaufsumsatz, mehr Schärfsachen einsammeln, schneller fertig werden, weniger Zeit investieren usw.

Es gab da einen Tag auf meiner geliebten Taunustour, der sich als absoluter Rekordtag in mein Gedächtnis eingraviert hat: Gegen 6:30 Uhr fuhr ich in Langen los, über Usingen, Neu-Anspach und die damalige Möbelstadt Kelkheim. Bis zum Mittag hatte ich vierzig verschiedene Betriebe angefahren und eine wahnsinnige Masse an Aufträgen und Schärfsachen gesammelt. Gegen 13 Uhr fuhr ich beim letzten Kunden nahe Hofheim vom Hof, düste heimlich ins Kelsterbacher Freibad und ließ es mir dort gut gehen. Ich war zufrieden mit meiner Beute und meine Eltern waren mehr als zufrieden. Der Kundenstamm des Unternehmens wuchs durch meine Aktivitäten wie ein

Bambusbaum. Dass ich als Rekordjäger auch schon in jungem Alter ein kleiner stressiger Wirbelwind war, versteht sich von selbst.

Nach Abschluss der Ausbildung hatte ich mich im Familienbetrieb etabliert, freute mich an den genugtuenden Erfolgen und genoss viele Freiheiten. Kaum hatte ich die Lehre hinter mich gebracht, wurde ich – zumindest auf dem Papier – als dritter Geschäftsführer und Gesellschafter eingesetzt, neben meinem Vater und meinem Bruder.

Im Augen öffnenden Fluss der Reifezeit

LANGEN, 1981–1985

Ein Abend mit einem Idol

Als ich nun meinen Vollzeitjob im elterlichen Geschäft antrat, freute sich meine Geldbörse über einen mächtigen Gehaltssprung. Aber ich merkte schnell, dass sich auch durch die daraus resultierende zunehmende Gütermenge nicht die Genugtuung einstellen wollte, nach der mein Gemüt seit der Grundschule lechzte. Mein materieller Reichtum vermochte meine seelische Armut nicht zu trösten. Dass ich als Kind von der Konsumgesellschaft um mich herum auf maximalen Genuss und minimale Mühe konfiguriert wurde, fiel mir nun auf die Füße. Auch wenn man mich als Draufgänger und Genussjäger kannte, war ich innerlich doch ein introvertierter Psychopath, voller

Selbstzweifel und Minderwertigkeitskomplexen. Ich fühlte mich am Ende meiner Teenagerjahre einsam und verlassen. Das brachte mich dazu, erstmals in meinem Leben mich selbst, meine Werte und meine Umgebung infrage zu stellen.

Eines Samstagabends hatte ich ein Schlüsselerlebnis in Mainz, als ich einen berühmten Popsänger kennenlernte. Für Komiker und mich war es ein enttäuschender Abend, weil wir keine Frauenbekanntschaften gemacht hatten. Angeödet lümmelte ich mich an eine Raumsäule der Disco und starrte gelangweilt in Richtung Leinwand, auf der Musikvideos gezeigt wurden. Es lief gerade Billy Idol mit seinem Titel „Flesh for Fantasy". Wie ich war er ein Kind seiner Zeit: Als Künstlername hatte er sich „Götze" erwählt; vermutlich wollte er angebetet, reich und berühmt werden. Gekleidet war er in makellosem schwarzem Leder; behängt hatte er sich mit auffällig viel Schmuck. Man sah, er war von der Wirtschaftsströmung auf Materialismus konfiguriert – aber nicht minder von der Kulturströmung auf Sinnlichkeit (nicht im besten Sinne). Der Text seines Songs spricht diesbezüglich Bände, aber der Rockmusiker gebärdete sich auch genau in dieser Weise.

Ich fand seinen Auftritt ziemlich langweilig und das Lied turnte mich nicht an – aber dann fokussierte sich meine Aufmerksamkeit plötzlich voller Entsetzen auf ihn. Was der junge Engländer da auf der Leinwand bot, war mal wieder etwas, um die Einschaltquoten und Verkaufszahlen zu pushen – aber keine besondere Kunstdarbietung, sondern eine unglaubliche Ekelvorstellung. Er ließ ein schleimiges Stück Spucke langsam aus seinem Mund aufs Kinn gleiten. Dann grabschte er mit seiner Hand danach und schmierte sich das ekelhafte Körpersekret überall in sein Gesicht, wobei er nicht versäumte, das Ganze mit andächtigem Pathos zu zelebrieren.

Trotzdem gäbe es einen Grund, mich bei diesem „Künstler" zu bedanken, denn in diesem Moment wurde mir klar, dass ich im falschen Zug saß und auf dem falschen Weg lief. Ich wollte raus aus dieser Disco und mich sobald wie möglich abwenden von meinem eigenen ekelhaften Lebensstil. Die Gier, die mein Leben bestimmte, war kein guter Geselle. Gier ist fresssüchtig, selbstsüchtig, raffsüchtig, machtsüchtig, genusssüchtig und anrüchig habsüchtig – und darüber hinaus ist Gier disziplinlos, schrankenlos, rücksichtslos, skrupellos, kopflos und endlos ruhelos. Gier kann bis zum Erbrechen nicht genug bekommen. Folgt der Mensch seiner Gier, wird er wie ein Tier. Gier ist blind wie ein Huhn und macht dumm wie ein Schaf. Gier treibt Wucher und hegt Geiz – und: Gier ist ein gnadenloser Stresstreiber!

Nicht nur die ekelerregende Geilheit von Billy Idol stieß mich ab, auch merkte ich langsam, dass der rein materialistische Lebensentwurf der meisten Zeitgenossen nicht nachhaltig war. Ich empfand, sie machten sich keine Gedanken über ihre Lebensführung, sondern ließen sich treiben im Strom, wo man ihnen weismachte: „Das Wesentliche, das du tun musst, ist konsumieren. Dabei wirst du glücklich und hilfst gleichzeitig mit, die große Glücksmaschine anzukurbeln, damit sie noch mehr Glück für alle herausschleudern kann."

Ich hatte in meinem Leben genug von diesem Gerede gehört und zu viel von diesem „Glück" erlebt. Ich wollte mich nicht mehr länger steuern lassen von „So machen es doch auch die anderen". Ich hatte es satt, ein Duckmäuser zu sein, der sich anpasst und seine Fahne nach dem Wind hängt. In den nächsten Jahren verließ ich ganz bewusst den Mainstream und machte erste Versuche, gegen den Strom zu schwimmen.

Meine nächtlichen Trips ärgerten meinen Vater. Von meiner sich langsam ändernden inneren Einstellung erzählte ich ihm nichts. Er hingegen war zwischenzeitlich auf den Freizeittrip gekommen. Nach einem geschätzten Wochenschnitt von siebzig Arbeitsstunden Positivstress schaltete er häufig an den Wochenenden auf Freizeit um und hatte sofort wieder einen vollen Energietank für seine Hobbys, weil diese ihn genauso turbomäßig antrieben wie seine Arbeit. Während meiner Ausbildungszeit entdeckte er mit dem Windsurfen das ultimative Hobby seines Lebens. Mit dem Wind zu gleiten und über die Wellen zu reiten machte ihn wunderglücklich. Er war überzeugt, dass das Surfen auch jedem ein Glückswunder bereiten würde, der ihn auf einen Surftrip begleiten dürfe. Er fühlte sich dazu berufen, möglichst alle Menschen in seiner Umgebung mit seinem Enthusiasmus anzustecken und an seiner Freude teilhaben zu lassen, denn – da bin ich ganz nah bei ihm: Geteilte Begeisterung motiviert – aber ungeteilte Leidenschaft deprimiert. Doch seine heiße Surfmission stieß bei seiner Frau auf eine kühle Gegenreaktion, gewinnen konnte er am Ende lediglich seinen jüngsten Sohn.

Nachdem der Traum meiner Kindheit, Profi im Fußball zu werden, ausgeträumt war; nachdem die Not meiner Jugend, die Technik der Selbstverteidigung zu beherrschen, nicht mehr nötig war, investierte ich meine Zeit nun in einen Sport, in dem muskulöse und braun gebrannte Sonnyboys akrobatische Meisterstücke vollbrachten, sodass am Strand die Blondinen mit dem Wackelpo Augen machten. Doch weil das Surfen am Langener Baggersee unter meiner Würde war, brach sich nun die dritte Reisewelle meines Lebens Bahn.

Auch wenn mir langsam die Erkenntnis kam, dass Gier nicht nachhaltig war, hielt mich das nicht davon ab, in den kommenden Jahren Windsurfen zu einem Götzen zu machen. Wie ein Magnet zog mich meine Windsurflust und -sucht auf die Straße und in die weite Welt. Ich sah die Videos von Wellenreitern und -springern, die unter Palmen schwebten auf ihren Dingern – ich wollte sein, wo sie waren, und können, was sie konnten. In den nächsten Jahren war ich ständig auf Windsurftrips und dabei schätzungsweise alleine zwanzigmal am Gardasee. Das wurde irgendwann eintönig. Also suchte ich mir fernere Reiseziele am Atlantik und entdeckte Fuerteventura, Gran Canaria und die Dominikanische Republik. Doch auch diese Ziele wurden mir irgendwann überdrüssig und so machte ich Geld flüssig und reiste zum Pazifik.

Eine Weltreise mit einem Vorbild

1983 reisten ein Berufsschulfreund – der Buchhalter – und ich für drei Monate über die Inselgruppen Hawaii und Fidschi nach Neuseeland. Im Gegensatz zu mir sprach der Buchhalter Englisch. Bereits am ersten Morgen unter tropischem Himmel erwies sich meine Lernunwilligkeit in den Sprachen als katastrophale Lustbremse. Meine mangelnden Englischkenntnisse verbannten mich auf das Abstellgleis, während mein gesprächiger Freund die Kommunikation mit den US-Girls übernahm. Buchhalter bekam nicht nur von den Lehrern in der Berufsschule eine Eins, auch die Mädels am Pazifik verliehen ihm ihre Bestnoten in Anglistik und Optik. Wir passten meine alte Anmachmethode aus Europa ein wenig auf die Bedingungen vor Ort an und liefen den Waikiki-Beach hoch und runter, bis wir zwei alleinliegende hübsche Mädchen entdeckten. Dann legten wir unsere Handtücher etwa fünf Meter neben ihnen ab und mein Freund sagte mit bemühter Akzentfreiheit: „Can you keep an eye on our things?", bevor wir ins Wasser gingen. Als wir herauskamen, bedankte sich der Charmeur für den Dienst und schon war er mitten im Gespräch und im Geschehen. Ich saß zeitweise nichts verstehend nebendran und schmollte.

Wir beide hatten beruflich-familiär verblüffende Ähnlichkeiten: Ich war der Juniorboss eines etablierten Holzmaschinenhändlers, entstanden in der Region von Main und Rhein; er war Nachwuchschef eines renommierten Holzfachhändlers, ebenfalls im Rhein-Main-Gebiet. Beide wurden wir bereits in unserer Lehrzeit von unseren Eltern mit Außendienstaufgaben betraut und besuchten dieselbe Schreinerkundschaft.

Auf unserer Weltreise prägten wir uns gegenseitig. Buchhalter war beeindruckt von meinen Kompetenzen beim Aufspüren von Mädchen und Abreiten von Wellen und imitierte mich. Ich beneidete ihn um seinen Charakter und begehrte sein Selbstbewusstsein für mich. Er hatte zu allem eine Meinung, passte sich nicht überall an und vertrat seine Überzeugungen auch gegen den Mainstream. Ich hatte vorher noch nie jemanden kennengelernt, dessen Leben und Worte mich so infrage stellten, erschütterten, aber auch zum Umdenken und Umlenken ermutigten. Er hatte etwas, das ich nicht hatte. Minderwertigkeitsgefühle und Selbstzweifel schienen für ihn Fremdwörter zu sein. Auch war er nicht so verseucht von Gier. In mir kam der Verdacht auf, seine Charakterfestigkeit könne mit dem Buch zusammenhängen, das er las und so gut kannte. Es war ein Buch, das heute in vielen Ländern der Erde das verbotene Buch ist und dessen Besitz sogar zuweilen mit der Todesstrafe geahndet wird. Als unsere dreimonatige Reise ihrem Ende entgegenging, erklärte ich Buchhalter, dem Gegen-den-Strom-Schwimmer, dass ich mir zu Hause einmal seine Lektüre, das Gegen-den-Strom-Buch, besorgen wollte, um es zu lesen.

Nach unserer Rückkehr besorgte ich mir also das verbotene Buch und fing mit dem Lesen an. Dieser Entschluss war eigentlich eine kleine Sensation, denn ich war bis dahin ein praktizierender Nichtleser. Was ich vorher an Schriftwerk in mich aufgenommen hatte, war nicht sehr erlesen: In der Grundschule las ich Comicgeschichten aus Entenhausen; in der Realschulzeit die Zeitung, die nur laut eigenen Angaben Bildung verschafft; in der Ausbildungszeit Illustrierte für surfende Machos – und wenn ich unbeobachtet war, das Magazin für den spielenden Bub oder playenden Boy. Vor meinem einundzwanzigsten Lebensjahr hatte ich kein einziges Buch vollständig durchgelesen, auch nicht im Schulunterricht. Nun machte ich mit diesem Entschluss Schluss mit meiner bildungsbremsenden Bücherblockade.

Durch mein neues Leseprojekt wurde ich plötzlich genau zu dem, was meine Mutter und meine Lehrer schon immer aus mir machen wollten: zu einem lesenden Menschen. Bei meinem Vater, dem nicht lesenden Praktiker, kam wegen meiner neuen Neigung keine Begeisterung auf. Inaktiv rumsitzen und Bücher studieren war nicht seine Welt. Buchhalters Buchempfehlung war bei uns zwar nicht verboten, aber immerhin verpönt. Oma Poldi, die Väterliche und Praktischere, war im Allgemeinen nicht gegen das Lesen, aber als das Sippengespräch über meine Lektüre ihr zu Ohren kam, meinte sie: „Ach du liebe Güte, was liest du denn da? Die Bibel? Du bist doch kein Pfarrer!" Oma Hilde, die Mütterliche und Frommere, sah dadurch all ihre Befürchtungen um das Seelenheil des missratenen Zöglings bestätigt und ahnte, dass dies kein gutes Ende für die Familienkonfession nehmen würde.

Ich dagegen hielt es für durchaus sinnvoll, meine Lesekarriere mit dem „Buch der Bücher" zu beginnen und damit mit dem Werk, das mehr als alle anderen unsere einheitliche, deutsche Schriftsprache prägte. Das hat mir nicht geschadet, sondern in mir eine gute Basis für Bildung gelegt. Allerdings war das erste Jahr mit der Bibel zugegebenerweise etwas holprig. Pflichtbewusst las ich Seite für Seite das Neue Testament, bis ich zum Zweiten Korintherbrief kam und mir eingestehen musste: „Auf den letzten dreißig Seiten hast du rein gar nichts verstanden." Ich kam zu der Erkenntnis, dass ich erst einmal das ganze Alte Testament lesen musste, bevor ich im Neuen etwas verstehen konnte. Das war für mich, der ich nicht gewohnt war, Schriftsprache zu verstehen, keine leichte Übung. Und so durchwanderte ich ungefähr ein Jahr lang mühsam das Alte Testament. Ganz alleine. Ohne Anleitung.

Mit dem Strom des lebendigen Wassers (1)

SYDNEY, AUCKLAND, 1985–1986

Neuanfang im Süden

Es blieb nicht bei dieser ersten Pazifikreise. In meiner Surfgier reiste ich zwischen 1983 und 1990 insgesamt vier Mal in den pazifischen Raum, zweimal mit Buchhalter und zweimal ohne ihn; immer mit einem Surfbrett, manchmal auch mit zweien. Was meine Erlebnisse auf diesen Reisen angeht, waren sie wie ein Silvesterwerk mit Feuer – ständig gab es Abenteuer.

Nur achtzehn Monate nach meiner Heimkehr folgte

ich abermals dem Ruf des Pazifiks und überquerte im Oktober 1985 einmal mehr den Äquator Richtung Süden. Diesmal flog ich ganz alleine für sechs Monate nach Neuseeland, und zwar über Sydney und mit einer Bibel im Handgepäck. Es wurde zweifellos die bedeutsamste Reise meines Lebens. Ich war dreiundzwanzig Jahre alt, aber von der inneren Reife her eigentlich immer noch in der Spätpubertät.

Bevor ich in Amsterdam den Flieger bestieg, manifestierten sich an mir Zickigkeiten und Gefühlsausbrüche. Erst gab es Szenen und dann Tränen, denn das herzlose Flughafenpersonal wollte mein Surfbrett nicht mitnehmen. Meine Strategie war bis dato immer: Ich komme kurz vor Abflug ohne Voranmeldung mit meinem Riesensurfpaket, dann sind sie so im Stress, dass ich nix für das Sperrgepäck berappen muss. Aber diesmal ging meine Rechnung nicht ganz auf. Über das Surfpaket erbarmten sie sich in letzter Minute – aber, was nicht passt, meinten sie, sei der Mast – der müsse in den Gepäckknast. Ich war völlig aufgelöst, megamelancholisch, weinte dicke Tränen – und musste der Tatsache ins Auge sehen, ganz alleine ohne meinen Mast zu fliegen.

In Sydney angekommen, wehte der Wind mit zwanzig Knoten und auch eine Brise neuer Lebensmut beflügelte mich. Der Wind grollte, die Dünung rollte. Den erstbesten australischen Surfer, der nach Material-Macker aussah, pumpte ich um einen Mast an. Ab ging's auf die Wellenberge, die Surfer sahen darunter aus wie Zwerge. Ich ging leider schnell in der Brandung baden, wurde gewaschen nach Strich und Faden, es zog mich nach unten und nach oben, übers Segel ergossen sich große Wogen, der neue Mast wurde kräftig gebogen; die Wellen kamen: eins, zwei, drei – und der geborgte Mast brach entzwei. Nach der kostspieligen Wäsche in der Brandung vor Sydney kaufte ich mir an einem sonnigen Tag einen neuen Mast und einen gebrauchten Wagen.

Der alte Amischlitten war ein Schönwetterauto. Er sah von außen gut aus, allerdings war er völlig durchgerostet, wovon ich natürlich bei der Begutachtung mangels technischen Durchblicks und mangels Erfahrung beim Gebrauchtkauf nichts mitbekommen hatte. Bei Regen umspülten etwa zwanzig Liter Wasser Gas- und Bremspedal und schwappten je nach Kurve von links nach rechts oder umgekehrt. Doch das störte mich nicht sonderlich. Ich betätigte barfüßig mit den Zehenspitzen die Pedale, damit ich mir nicht durch die Berührung mit dem kalten Nass eine Erkältung einfing.

Während meiner sechswöchigen Reise entlang der australischen Ostküste fühlte ich mich dann allerdings sehr einsam. Ich hatte mir meine Tour geselliger vorgestellt und fand kaum interessante Reisegefährten. Windsurfen konnte ich selten, denn der anfangs gute Wind machte eine lange Atempause.

Bereits vor meiner Ankunft in Sydney war mir bekannt, dass die Sonnen-Gegenseite des deutschen Winters auch ihre Schattenseiten hatte: „Überall in Australien wimmeln eklige Krabbler und Kriecher und allerorts tummeln sich giftige Schlängler und Zischer", wurde man gewarnt. Da ich mutterseelenalleine reiste, ging ich bei der Auswahl meiner kostenlosen Schlafquartiere keine Risiken ein.

Schlafen auf dem Erdbodenniveau war für mich tabu, denn ich hatte kein Interesse daran, für eierablegende Giftspinnen den Wirt zu spielen. Eines Nachts schlief ich im Busch auf der Sitzbank einer Grillhütte erhaben über dem Erdreich und dachte mir: „So doof werden die lebensgefährlichen Schlangen und todbringenden Spinnen nicht sein, dass sie hier hochkrabbeln oder -kriechen." Als mich dann eine streunende Katze aus dem Schlaf riss, die plötzlich mit einem großen Satz auf den Picknicktisch direkt neben meinem Kopf sprang, versetzte sie mir einen solchen Adrenalinschub, dass ich für den Restschlaf der Nacht lieber mit der Rücksitzbank meines Autos vorliebnahm.

Ich stellte mich auf einen verlassenen öffentlichen Parkplatz am Meer, verriegelte mein Auto und bezog Deckung vor der Kriechtierinvasion. „Peace at last!", dachte ich mir. Leider wurde ich auch dort jäh aus dem Schlaf gerissen. Ich schlummerte in stolzer Ruhe auf dem Rücksitz, als ein Beben von mächtiger Stärke mein Fahrzeug erschütterte. Ich richtete mich auf und sah durch die Windschutzscheibe, wie ein australischer Rocker sich an meinem Fahrzeug vergriff. Ich dachte für einen Moment, die Hells Angels seien gekommen und mein Leben würde mir genommen. Mein Pulsschlag war natürlich auf 185, bevor ich allmählich begriff, was hier eigentlich abging: Der Rocker wollte sich nicht meinen durchgerosteten Schlitten aneignen, noch wollte er mir ans Leder – er machte nur, was ich die letzten Jahre über gemacht hatte: Er suchte einen originellen und kostenlosen Schlafplatz – in seinem Fall, um seinen Alkoholrausch auszuschlafen. So machte er es sich auf der geräumigen Kühlerhaube meines riesigen Amischlittens gemütlich, weil er vielleicht wie ich instinktiv die Kriechtiere auf Bodenniveau fürchtete. Er bemerkte in seinem Delirium nicht, dass sich bereits ein anderer Landstreicher im Inneren seines Blechbetts befand. Vorsichtig kletterte ich auf den Fahrersitz, ergriff das Lenkrad, warf den Motor an, legte den Rückwärtsgang ein, kurbelte schnell das Fenster runter und brüllte, ohne Zeit zu verschwenden: „I'm leaving now", während ich gleichzeitig in der Manier Detektiv Rockfords mit einem Affenzahn rückwärts raste, weg von dieser nächtlichen Ruhestörung und albtraumhaften Lebensbedrohung.

Am Ende dieser Zeit verkaufte ich meinen Rostschlitten für ein paar Hundert australische Dollars. Am nächsten Tag schnappte ich meine Sachen und ging an Bord eines Kreuzfahrtschiffs, mit dem ich hoch über den Pazifikwellen über die Tasmansee nach Neuseeland schipperte. Ich hatte eine Zweibettkabine mit einem Bett für mich und einem für mein Surfbrett. Die vier Tage zwischen Sydney und Auckland waren eine bedeutsame Zeit für mich. Zur Partygesellschaft an Bord hatte ich eine ambivalente Haltung, denn mein Leben befand sich gerade in einer fragilen Zerrissenheit: Einerseits liefen da braun gebrannte Schönheiten über das Schiffsdeck, die mit ihren Reizen nicht geizten und meine Gefühle anheizten. Andererseits saß ich brav auf einem Liegestuhl und las meine Bibel und der Ratschluss dieses Buches drängte mich zur Zurückhaltung gegenüber kurzfristigen Abenteuern.

Außer Wasser, Wellen und nutzlosem Wind gab es auf dem Weltmeer nichts zu sehen und so vergrub ich mich in meine Lektüre vom Leben, die auf dieser Liege meine Leidenschaft zur Literatur weckte. Beim Lesen feierte ich bereits am ersten Abend an Bord ein Erfolgserlebnis: Endlich erreichte ich nach mehr als einem Jahr mühsamen Schmökerns das Ende des Alten Testaments. Nun war ich neugierig auf das Neue Testament, dass ich ja bereits zwei Jahre zuvor angefangen und wieder abgebrochen hatte. Kaum hatte ich das letzte Kapitel im Propheten Maleachi gelesen, machte ich mich an das erste Kapitel des Evangelisten Matthäus. „Ich werde doch jetzt beim zweiten Anlauf nach all dem Studieren des Alten Testaments mehr verstehen!", dachte ich voller Zuversicht. Und tatsächlich: An diesem Tag wurde mir das verbotene und angeblich verstaubte Buch zum lebendigen Buch. Die Bibel sprach, sie erklärte, sie veränderte – sie zeichnete mir ein Bild auf von meiner Außenwelt und erzählte mir die Geschichte meines Innenlebens. Meinem Herzen wurden Ohren verliehen, um Worte der Liebe zu verstehen – und meinem Verstand wurden Augen gegeben, um Werke des Lebens zu sehen, wie ich sie in meinen Alltag implementieren sollte.

Ich las und las bis zum Abend und wollte nicht mehr aufhören. Ich empfand ein Feuer in meinem Inneren – kein verzehrendes oder bedrohliches Feuer, sondern ein reinigendes und befriedendes Feuer. Es war der Abend, an dem sich Klarheit, Nüchternheit und Ernsthaftigkeit in einer Intensität über mein Leben lagerten wie niemals zuvor oder jemals danach. Verflogen war die Einsamkeit, die mich Zeit meines Lebens bedrückte, die weder meine Eltern noch die Mädchen meiner Jugend noch meine Abenteuerkumpels oder der Materialismus auszufüllen vermochten. Es geschah ausgerechnet in dem Moment, als ich mutterseelenalleine auf diesem Schiff war, keinen Menschen kannte und mit niemandem ein Wort wechselte. Ausgerechnet hier an diesem fernen Ort, so welthalbkugelweit weg von der Wechselstube meiner Windeln, fand ich neues Leben und die schon so lange ersehnte Beziehung, aus der mir nachhaltige Zufriedenheit und beständige Geborgenheit erwachsen sollten. Und ich wusste, ich hatte den ultimativen Schlüssel gefunden – für mein ganzes Leben, meine Zukunft und die Ewigkeit. Und dieser Schlüssel lag nicht etwa in der Bibel, einem Buch aus Blättern und Buchstaben, sondern in Jesus Christus, dem Gottessohn, dem Protagonisten der Heiligen Schrift, den Johannes das Wort Gottes in Person nannte.

Einen Abend später machte ich auf dem Schiff eine ganz andere Erfahrung. Für mich war es eine Bewahrung, doch mit dem Mainstream schwimmende Männer würden diese Episode wahrscheinlich ganz anders bewerten. Ich lag auf meinem Bett und wollte schlafen. Meine Pritsche wippte im Takt der Ozeanwellen. Aus der Kabine direkt neben mir drangen Stimmen. Dort schien irgendetwas Partymäßiges abzugehen. Plötzlich pochte es an meiner Tür und eine weibliche Stimme verschaffte sich Gehör: „Is anybody there?" Ich weiß nicht, warum, aber ich schwieg und verleugnete durch meine Stummheit meine Anwesenheit.

Hätte ich gewusst, wer da an meine Tür klopfte, hätte dieser Abend einen anderen Ausgang gefunden. Es war mir entgangen, dass in der Kabine neben mir zwei Mädels wohnten, was an sich ja noch keine Sensation ist. Dass es sich bei ihnen aber ausgerechnet um das Mädchen-duo handelte, dessen äußere Erscheinung beim Herum-wandeln auf dem Deck am Tage davor alle anderen weib-lichen Passagiere in den Schatten gestellt und die Blicke der Männerwelt magisch auf sich gelenkt hatte, war doch bedeutsam für mich.

Am folgenden Tag standen die beiden plötzlich neben mir im Restaurant und – jetzt kehrte sich die Anmache-Richtung meiner Jugend zur Abwechslung mal um – die eine sprach mich an mit den Worten: „Warum hast du gestern Abend nicht aufgemacht? Wir wollten mit dir eine Party feiern." Wenn es in meinem Leben einmal eine Zeit gab, in der ich gut aussah – also dem temporären und schnell vergänglichen Schönheitsideal der Mode ent-sprach –, muss es diese Zeit gewesen sein: braun gebrannt, muskulös gestylter Body, sonnengebleichtes Blondhaar. Es könnte sein, dass den Aussie-Fräuleins meine diesbezüg-liche Ausstattung aufgefallen war und sie mich deshalb durch ihr Anklopfen aufsuchen wollten. Wie auch immer, danach dachte ich mir einerseits: „Da hast du aber etwas verpasst", und andererseits: „Da bist du aber vor etwas bewahrt worden".

Die viertägige Kreuzfahrt von Sydney nach Auckland war der Umkehrpunkt meines Lebens, aber auch Wende-punkt meiner Reise: Hinter mir lag eine einsame Zeit der Traurigkeit in Australien, vor mir lag eine gesellige Zeit der Freude in Neuseeland.

Als ich das Schiff in Sydney bestieg, sagte ich „Good Bye" zu dem Land der berühmten Beuteltiere, dessen Be-

wohner sich gut mit ihren Kängurus identifizieren können, da auch sie gerne große Sprünge nach vorne machen
und nicht rückwärtsgehen wollen. Als ich das Schiff in
Auckland verließ, sagte ich „Good Day" zu dem Land
der flugunfähigen Vögel, dessen Bewohner sich ihre Kiwis
gerne als Vorbild nehmen, da sie lieber auf dem Boden
bleiben und sich der Muße zuwenden, als allzu ambitio-
nierte Sprünge nach oben zu unternehmen.

Nach einigen Wochen in Neuseeland begegnete ich auf
einem Parkplatz an der Westküste einem hochgewachse-
nen jungen Mann. Wir kamen ins Gespräch und er zeigte
Interesse an mir und stellte viele Fragen. Als er die Bibel
in meinem Auto erblickte, meinte er, ich hätte da ein gutes Buch. Es stellte sich heraus, dass auch er Christ war.
Kurz entschlossen nahm er mich mit auf eine zehntägige
Exkursion an die Ostküste, wohin er zu einem Verwand-
tenbesuch unterwegs war. Ungebunden und spontan wie
ich war, schloss ich mich ihm als Reisepartner an und änderte einfach meine Reisepläne. Er war mein Reiseleiter
und mein Auto unser Reisemobil. In den nächsten Tagen
lernte er von mir, wie man ohne Geld über die Nacht
kommt; und ich von ihm, wie man mit Gott durch den
Tag kommt. Sein Name war Paul. Er erläuterte mir, wie
der Apostel Paulus von Gott gesandt war, den Menschen
in der Antike das Evangelium zu erklären, so habe Gott
ihn, den „Kiwi Paul", beauftragt, mich mit der Guten
Nachricht zu belehren. Nicht nur seine Lehren, sondern
auch sein Leben beeindruckten und inspirierten mich.

In den darauffolgenden Wochen reiste ich quer durch
die beiden Hauptinseln und stieß fast überall, ohne dass

ich es oft darauf angelegt hätte, auf Christen. Gegen Ende meiner Zeit brach ich dann auf in die Region des Egmont National Parks, wo es die besten Windsurfbedingungen geben sollte. Direkt nach meiner Ankunft in der Nähe von New Plymouth ging ich in den lokalen Surfshop und erkundigte mich nach dem besten Windsurfplatz. Dort erzählte mir ein junger Guy, dass der beste Spot nicht weit vom Kap Egmont sei, bei einer Weide mit Kuhfladen dabei, dort gäbe es Wellenberge hoch drei und Bedingungen besser als auf Hawaii. Ein amerikanischer Windsurfer war just in time zugegen und im Begriff, zu diesem Spot aufzubrechen. Also fuhren wir gemeinsam.

Unterwegs sprach er mich auf meine Namensverwandtschaft mit dem biblischen Stephanus an und es stellte sich heraus, dass er überzeugter Christ war. Er erzählte mir von einer hier ansässigen Kirchengemeinde mit vielen windsurfenden Gläubigen. Das war ja interessant für mich! Hier war ich wohl richtig! Es stellte sich heraus, dass der Surfshopbesitzer Guy, mit dem ich vorher gesprochen hatte, der Pastor der Gemeinde war. Dieser hatte nicht nur einen ungewöhnlichen Nebenjob, sondern surfte auch sehr eigensinnig. Seinerzeit gab es in der Welt der Windsurfer gerade ein neues Manöver, den Looping. Ich hatte vorher noch nie etwas davon gesehen oder gehört, aber der Surfshop-Pastor beherrschte diesen „Salto Marittimo" ziemlich gut, und das beeindruckte mich.

Da die mit Kuhfladen übersäte Weide vierzig Kilometer außerhalb war und ich keine Lust hatte, jeden Tag hin- und herzupendeln, stellte ich mein Surfsegel gegen den Wind und bereitete mir ein Schlafgemach an diesem

Niemandsort und Surferhort. Mit einer Handvoll anderer Windsurf-Touristen aus Europa und Amerika, die in zum Campen umfunktionierten Fahrzeugen übernachteten, verbrachte ich wunderschöne Wochen draußen in der neuseeländischen Natur am Pazifik. Nach einigen Tagen Flaute frischte der Wind plötzlich auf und die Surfsucht kitzelte einen jeden von uns, so schnell wie möglich mit der frischen Brise im Segel und dem Surfbrett unter den Füßen die furchtbaren Brecher des Elements Wasser abzureiten.

Ich war noch hektisch beim Aufriggen meines Segels, damit ich eilends ins Wasser käme, da trugen sie gerade einen der christlichen Surfer aus dem Wasser. Sein Oberschenkel war blutüberströmt. „Wir wurden Zeuge einer Haiattacke!", schoss es wahrscheinlich den Sensationslustigen unter uns Europäern durch den Kopf. Aber der Verunglückte erklärte, er sei nicht von einem Haizahn gerissen, sondern von einem Surfbrett „gebissen" worden, dessen Spitze ihm ein anderer Brettakrobat bei einem waghalsigen Manöver in den Oberschenkel gerammt hatte.

Der Verletzte, drei andere Surfer und ich standen zusammen. Zuversichtlich fragte er in die Runde: „Wer kann mich schnell ins Krankenhaus fahren?" Jeder von uns wusste, dass eine Zusage zu diesem Taxidienst eine Absage an die Windsurflust bedeutete, denn die Kliniktour hätte den restlichen Nachmittag beansprucht. Keiner von uns wollte in der Gegend rumkutschieren, alle wollten aufs Wasser. Nach einer Minute Schweigen war immer noch keiner von uns Egoisten bereit, den Dienst am Nächsten zu tun. Dann sagte ich kleinlaut: „Ich kann das machen" (und ergänzte „wenn es unbedingt sein muss" in Gedanken). Kurz darauf fand sich allerdings jemand anderes, der sowieso in die Richtung fuhr, und so konnte ich doch noch surfen gehen und das war schön.

Für mich war das eine denkwürdige Erfahrung, weil sich in mir gerade ein Herrschaftswechsel vollzog: Die Selbstbezogenheit, mein altes Gewand, war noch nicht ganz gebannt; die Christusbezogenheit, mein neues Kleid, wurde langsam sichtbar mit der Zeit. Noch war ich gewöhnt daran, meiner Gier nach Selbstgenuss zu folgen, nun wollte ich mich umgewöhnen, die Not anderer höher zu achten.

Nach einer Weile auf der Weide suchte ich das Weite, um meinen Willen auf Wind und Wellen zu stillen und mit Wichtigerem zu füllen. Ich machte mich auf den langen Weg um den Vulkan herum ins Landesinnere nach Stratford, wo ich in der dort ansässigen Baptistengemeinde einige Male den Gottesdienst besuchte. Nach allem, was ich in der Bibel neu entdeckt hatte, nach all dem Input, den Inspirationen und Impulsen der vergangenen Monate, nachdem ich jetzt dem Gottesdienst höhere Priorität eingeräumt hatte als meiner Surfsucht, fasste ich den Entschluss, dass ich wieder ins Wasser muss. So ließ ich mich während eines Bibelhauskreises in einem Kinderplanschbecken taufen, nachdem ich die Baptisten beauftragt hatte, mich unterzutauchen.

In der Nacht nach meiner Taufe hatte ich den markantesten Traum meines Lebens: Ich stand unter fremden Menschen an Bord eines Kreuzfahrtschiffs und sah am Horizont ein anderes mit dem Deck voller Menschen-massen. Plötzlich kenterte es und alle stürzten in die Tiefe. Trotz dieses beunruhigenden Anblicks fühlte ich mich in dem Traum unendlich geborgen. „Keine Ahnung, was das zu bedeuten hat", dachte ich mir, als ich aufwachte. Ich fragte die beiden Männer, die mich getauft hatten, unab-hängig voneinander nach einer Interpretation. Ohne zu zögern sagten beide gleichlautend, dass ich nun auf dem sicheren Schiff mit Jesus sei. Meine kindliche Angst vor der Ewigkeit war nun überwunden, denn mein Leben war mit Christus verbunden, dem ultimativen Rettungsseil, das mich durch die Fluten meines weiteren Lebens wun-derbar ziehen sollte. Interessanterweise hatte ich seit die-ser Zeit nie wieder einen Albtraum.

Meine mit der Taufe besiegelte Bekehrung war der Be-ginn eines neuen Lebens mit einer neuen Ausrichtung und mit neuen Werten, aber sie war nicht der Sieg über meine bereits damals latent vorhandene Stressnatur. Mein Ausstieg aus dem Strom der Gestressten sollte sich erst Jahre später vollziehen, als meines Lebens Anforderungen höher und Geschwindigkeit schneller wurden. Nichtsdes-totrotz war mein Neuanfang mit Jesus die alles entschei-dende Voraussetzung für meinen Ausstieg, denn durch meine neue Ausrichtung wurde mir langsam klar, dass Gott ein Gott des Friedens und nicht des Stresses ist; dass ich ein Mann des Stresses und nicht des Friedens war und dass sein Weg mit mir nichts anderes werden konnte als zunehmender Friede und abnehmender Stress.

In den ersten Monaten nach meiner Planschbecken-taufe in Neuseeland erlebte ich so etwas wie ein Begrüßungsfeuerwerk von Gott. Die Atmosphäre in meiner Umgebung erhellte sich; der Horizont meiner Weltsicht erweiterte sich, neue Dimensionen des Verstehens eröffneten sich. Wie Leuchtraketen blitzten hier und da neue Erkenntnisse auf. Meine kindliche Neugier wurde wiederentdeckt und völlig neue Interessen kamen zum Vorschein. Eine neue Welt brach für mich an, eine neue Zeit begann – eine Welt des Lernens, eine Zeit des Verstehens –, ein Prozess des Erkennens brach sich Bahn. Nun sah ich, wie schmal mein Horizont und wie verschlossen mein Verstand in meinen bisherigen Lebensjahren gewesen waren. Durch meine Versessenheit auf Genuss waren Wissenshunger, Blickfeld und Ausrichtung sehr begrenzt und einseitig gewesen. Das änderte sich nun von Grund auf.

Unterwegs in Neuseeland kaufte ich mir eine Gitarre und ich fing an, darauf zu spielen und dazu zu singen. Die Musik – sie hatte nun für mich durch das Lob Gottes neue Bedeutung erlangt und wurde mir zur Leidenschaft. Ich entdeckte Begabungen an mir, die ich noch nicht kannte. Die Sprache – sie faszinierte mich plötzlich. Ich lernte nun viel Englisch und später auch ein wenig Französisch. Gott hatte ja schließlich das Medium Sprache gewählt, um seinen Geschöpfen seine Vorstellung vom Leben zu kommunizieren. Später, nachdem ich die Bibel gut kannte, wurde mein Appetit auf Literatur immer größer; denn ich wollte auch wissen, was die Menschen auf der Erde denken und wie Gott im Himmel dazu steht. Die Politik – sie war nicht mehr länger unwichtig für mich. „Da Gott die Welt regiert", folgerte ich, „muss er sich auch für ihre Regierungen interessieren – und dann hat mich das auch zu interessieren." Die Kunst – sie war für mich nicht mehr irrelevant. Entweder sie ehrte und erfreute Gott oder das Gegenteil war der Fall. Ich fand sie wichtig und spannend und entdeckte, dass in mir ein künstlerisch ambitionierter Geist steckte, und freute mich darüber. Die Geschichte – sie fesselte mich in den darauffolgenden Jahren, weil ich durch Geschichtskenntnisse befähigt wurde, auch die Gegenwart besser zu verstehen und in der Zukunft zu bestehen, so wie Gott es wollte.

Mein geistlicher Neustart war also der Startschuss zum Nachholen der Bildung, die ich in den dreiundzwanzig Jahren vorher verpasst hatte. Mit meinem Schulabschluss und meinen Zeugnissen hätte ich auf keiner Hochschule landen können, aber Gott nahm mich in seiner Privatuni auf und schickte mich auf eine nie endende Bildungsreise. Dass ein Christ auf dem Weg der Nachfolge Jesu gute Lernerfolge erzielt, ist übrigens kein Wunder. Das altgriechische Wort für Jünger in der Bibel ist mathētēs (es hat dieselbe Wortwurzel wie Mathematik) und bedeutet Lernender. Jesus Christus wurde von seinen Jüngern, den Lernenden, Rabbi genannt und das heißt Lehrer. Seine Lehre ist zielgerichtet auf den Charakter, nicht auf den Intellekt – aber Charakterentwicklung fördert die Entwicklung des Intellekts. Durch Christus wurde aus mir, dem einstigen faulen Schüler, ein eifriger und fleißiger Lerner, der als „Bibliodidakt" das Buch der Bücher als Basis für Bildung benutzte. Von wegen fromme Schmalspurmentalität! Die „Biblia" war meine erste und wird meine letzte Lektüre sein. Ich erlange durch die Beschäftigung mit diesem Buch einen herrlichen Panoramaweitblick auf die vielschichtige Umgebung meiner Existenz und der Schöpfung, wunderbar priorisiert durch die Brille des Schöpfergeists.

Neuanfang im Norden

Im April 1986 flog ich zurück Richtung Norden. Als ich in Europa ankam, landete da ein anderer Stefan als jener, der sechs Monate zuvor abgeflogen war. Ich war nun ein junger Mann mit von der Norm abweichenden Werten, mit über den Tellerrand schauendem Weitblick und mit einer Leidenschaft für Veränderung. Bei der Ankunft am Zielflughafen Amsterdam war ich überrascht, meinen Mast wiederzubekommen. Das Seltsame war, er hatte über den langen Zeitraum nicht in einem Fundraum gelegen, sondern in einem Verwaltungsbüro eines Flughafenmitarbeiters, wo er unschön und sperrig in der Ecke gestanden hatte. Das war echt lieb, dass man dieses Teil für mich aufgehoben hatte.

Für meine Eltern war das Wiedersehen mit mir gewöhnungsbedürftig, denn nun prallten alteingesessene Katholiken auf einen frisch gebackenen Protestanten. Mein Vater musste nun mit einem Sohn klarkommen, der seinem Gottesdienst viel höhere Priorität beimaß als er seinem Kirchgang. Während dem Vater bei den sonntäglichen Predigten geniale Ideen für das Unternehmen kamen, entwickelte der Sohn durch die alltägliche Bibellese radikale Ideen für sein Alltagsleben. Als ich einige Tage nach meiner Rückkehr beiläufig erwähnte, dass ich mich in Neuseeland hatte taufen lassen, fielen meinen Eltern wie synchronisiert die Kinnladen herunter. Sie erwarteten Schlimmes für meine Zukunft. Sie fühlten sich in ihrer Identität infrage gestellt und beobachteten meine weitere Entwicklung mit Adler- und Argusaugen. Als Unternehmer, die gewohnt waren, Sachverhalte nach Kosten-Nutzen-Aspekten zu bewerten, stellten sie sich die Frage, welchen Schaden ihr Sohn aus seinem religiösen Trip ziehen würde, der seine Entscheidungen nun so sehr beeinflusste.

Ich suchte mir vor Ort in Langen eine protestantische Christengemeinde und fand sie schnell. Überrascht nahm ich zur Kenntnis, wer dort alles hinging: Da war das Apotheker-Ehepaar aus unserer Wohnsiedlung, mein ehemaliger Sitznachbar aus meinem Mathematikkurs und ein weltbekannter Glasmaler. Ich lernte dort auch viele andere Menschen kennen und schätzen. Der Unterschied zu dem, was ich vorher als Kirche erlebt hatte, war: Der Glaube war nicht nur ein durch Rituale nach außen dargestelltes Gebilde, sondern erwies sich durch praktische Auswirkungen im Leben der Gläubigen als innere Realität.

Meinem aufrichtigen Wunsch, Gott zu dienen und ihm treu zu sein, standen allerdings mein Stolz und meine Gier aus meinem alten Leben entgegen, die durch das Wasser meines Taufpools nicht einfach von mir abgewaschen worden waren. Nach meiner Hinwendung zu Christus war mir das Lob der Hohen und Starken zwar nicht mehr so wichtig wie vorher, aber nun wollte ich bei den frommen Menschen vorne sein und groß – und das ging nach hinten los. Ich war nun bei einem Gott und in einer Gesellschaft angekommen, wo völlig entgegengesetzte Werte galten als die, nach denen ich mein Leben lang gelebt hatte: „Nach dem Hochmut kommt der Fall"; oder: „Gott widersetzt sich den Stolzen, dem Demütigen aber gibt er Gnade"; oder: „Die Ersten werden die Letzten sein und die Letzen die Ersten". Zeit meines Lebens strebte ich nach dem Höchsten und war wahnsinnig unzufrieden mit dem Zweithöchsten. Tief in mir drin trachtete meine alte Natur immer noch nach Bedeutung und wollte Erster sein – aber nach außen hin strebte ich schon nach den Idealen der neuen Natur, nämlich unbedeutend zu sein bzw. Gott bedeutend sein zu lassen oder sich hinten anzustellen. In diesen ersten Jahren meines Glaubenslebens war ich hin- und hergerissen in dem Kampf zwischen den neuen Werten, nach denen ich leben wollte, und meinen alten Gewohnheiten, die sich nicht auf Knopfdruck abstellen lassen konnten.

Ich kann also nicht behaupten, dass ab dem Moment meiner Bekehrung alles weitere in meinem Leben nur noch mit „Friede, Freude, Früchtekuchen" beschrieben werden konnte. In dieser Zeit erlebte ich die ganze Bandbreite von dem, was das Leben an fruchtbaren Höhen und furchtbaren Tiefen zu bieten hat. Es war die Zeit der Umbrüche – mein rosaroter Himmel brach zusammen, aber ein neuer hoffnungsgrüner Horizont brach auf. Die Wunden meiner Jugendzeit, meine Gehemmtheit und Verklemmtheit, meine mannigfaltigen Komplexe und meine melancholischen Reflexe waren jetzt nicht vorbei, sondern kamen nun erst richtig raus – und versetzten meinem Selbstwert so ziemlich den Garaus. Die vergeblichen Versuche, ein gottwohlgefälliges Leben zu führen, und die Spannung zwischen Schein und Sein stürzten mich in eine tiefe Identitätskrise. Ich war nun in der Realität der Erwachsenenwelt angekommen, war dieser aber noch nicht gewachsen. Entscheidungen beklemmten mich, Menschen beunruhigten mich, Gespräche belasteten mich.

Wie oft bei Psychokrisen gab es auch bei mir einen Auslöser, der das Fass mit meiner von Kindesbeinen an gekochten Gemütssuppe aus Selbstverliebtheit und Menschengefälligkeit zum Überlaufen brachte: Etwa ein Jahr nach der Rückkehr von meiner entscheidenden Neuseelandreise war ich mit einem Freund in einem Restaurant. Nachdem ich die Rechnung der hübschen Kellnerin entgegengenommen hatte, flüsterte er mir ins Ohr: „Warum bist du denn eben rot geworden?" Ich versuchte, mir nichts anmerken zu lassen, aber diese aus heiterem Himmel gekommenen sieben Wörter erschütterten meine seelische Verfassung wie kaum etwas anderes. Sie trafen mein damaliges Selbstverständnis mitten ins Herz, welches nach außen sicher und souverän erscheinen wollte und bloß nicht verkrampft, verschämt oder verklemmt. Ich grübelte: „Da ich offensichtlich schon rot anlaufe, wenn ich es gar nicht bemerke, wie schlimm muss es dann erst sein, wenn ich es wahrnehme?"

Daraus entwickelte sich in den nächsten Jahren eine regelrechte Phobie. Gewohnte Standardsituationen wie Verkaufsgespräche machten mir meistens nichts aus, aber fast jedes andere freie Gespräch unter vier Augen, sogar mit meinen Eltern oder guten Freunden, wurde mir zur

Qual – weil mich ständig der Gedanke scheuchte, mein Gesicht glühe wie eine Leuchte. Wenn ich dann in einer kleineren Gruppe sprach oder vor einer größeren Gruppe sprechen sollte, war es ganz aus mit mir: Zu der großen Not mit der Farbe Rot rückten Schweißanfälle mir gehörig auf die Pelle. Abends zog ich mich zurück auf mein Zimmer und konnte oft nur noch weinen, weil ich nicht der souveräne Stefan war, der ich laut meinem stolzen Selbstbild zu sein hatte. In der Langener Firma schloss ich mich nicht selten einfach auf der Toilette ein und verrichtete meine Notdurft, indem ich meinen Tränen freien Lauf ließ. Wenn ich unter Leuten war, versuchte ich meine demütigenden Tränen – mit der Brechstange und zusammengebissenen Zähnen – durch eine Maske der Fröhlichkeit zu zähmen. Dieser jammervolle Kampf war natürlich ein jämmerlicher Krampf, zum Scheitern verurteilt. Meinen Eltern entgingen diese Betrübnisse nicht und für sie verdichteten sich die Hinweise darauf, dass der fromme Trip ihres Sohnes nur im Abgrund enden konnte.

Der Anfang meines Christenlebens war also eine schöne Bescherung: Ich vernahm vom Heil die Belehrung, entschied mich zu meiner Bekehrung und meine Probleme erfuhren Vermehrung. Das war ganz anders als das, was ich in der Bibel las. Da stand ja: „Wenn ihr euch nach meinen Worten richtet, werdet ihr die Wahrheit erkennen, und die Wahrheit wird euch frei machen" (Johannes 8,31-32; gekürzt; NL). Ich fühlte mich hingegen gefangen, gebunden, gequält. Das Ganze sah für mich aus wie ein Komplott von Gott. Hätte man mich in dieser Phase auf das Polstersofa eines Psychoanalytikers platziert, hätte dieser mir mit pedantischer Präzision die pessimistischsten Prognosen und phantastischsten Psychosen prophezeit, falls ich der Religion nicht abschwören würde. Doch er hätte sich grundlegend geirrt – denn in seiner Wissenschaft hat man keine Kenntnis von der Macht, die mich zur Freiheit führte, nämlich: „Wen der Sohn frei macht, der ist recht frei" (nach Johannes 8,36).

Meine Niedergeschlagenheit wäre ein Grund zum Aufgeben des Glaubens gewesen. War meine im fernen „Seeland" neu gefundene Beziehung doch nicht so nachhaltig, wie ich anfangs dachte? Aber ich ließ mich nicht beirren und erkannte glaubensfest: Das Problem lag nicht bei Gott, sondern bei mir. Und ich sagte mir: „Wenn ich die verheißene Freiheit nicht in der Gegenwart erlebe, dann muss sie mir wohl in der Zukunft zuteilwerden; denn der sie verheißen hat, ist ja die Treue in Person." Das bedeutete, mich in Geduld zu üben, und die hatte ich auch nötig.

So brach sich in mir mitten in meinem dritten Lebensjahrzehnt jene Achterbahn der Gefühle und Minderwertigkeitskomplexe Bahn, die von anderen etwa zehn Jahre früher erlebt wird. Vielleicht ist es ja gar nicht so schlecht, wenn man seine seelische Pubertät etwas später erlebt. Mir jedenfalls tat das am Ende gut. Der tiefe Schmerz, den ich über viele Jahre erlebte, drängte mich dazu, mich mit dem ganzen moralischen Müll zu konfrontieren, der mich während meiner Kindheit vereinnahmt und den ich mir in meiner Jugend einverleibt hatte. Mein Gewissen erinnerte mich an meine Jugendsünden und ich empfand nun Reue, als ich daran dachte, wie widerlich ich Macht über schwächere Klassenkameraden und weibliche Lustobjekte ausgeübt hatte. Mir wurde bewusst, wie negativ sich mein durch den Mainstream angetriebenes Gieren nach Spaß und Macht auf mich auswirkte und wie schmerzhaft die Konsequenzen daraus für mich waren.

In den ersehnten Hafen der Ehe

LANGEN, 1988–1991

Traumfrau gesucht

Die Jahre meiner Persönlichkeitskrise waren nicht vergeblich. Es bewegte sich viel in meinem Leben und ich kehrte mich entschieden von meiner Vergangenheit ab. Zuerst nahm ich mir den Bereich vor, in dem ich vorher am meisten Müll produziert hatte. Mir wurde bewusst, dass Partnerschaft mehr sein musste als hohle, selbstsüchtige Befriedigung. Ich sehnte mich nun nach einer herzlichen Beziehung und träumte davon, eine liebe und treue Frau zu finden. Ich wollte keine ständigen Flirts mehr haben, sondern mich für gute und schlechte Zeiten unbefristet binden. Kurz: Ich wollte heiraten. In mir kam die Frage auf: „Wenn ich irgendwann meine Traumfrau finde und sie mich zu meiner Sexualhistorie befragen sollte, was werde ich ihr dann antworten?"

Es gab da zwei Möglichkeiten: Entweder ich würde sie anlügen und meine Vergangenheit weißwaschen – das wäre ein unerwünschter Ehestart mit Vertrauensverlust, Scham und Befangenheit von Anfang an. Oder ich würde ihr unumwunden die Wahrheit sagen und damit eine Basis des Vertrauens und der Wertschätzung schaffen, mit dem Risiko, dass sie mich sogleich verlassen würde. Ich entschied mich für die zweite Variante und dafür, wenigstens ab jetzt – dem Moment dieser Erkenntnis – bis zum Zeitpunkt meiner Hochzeit Enthaltsamkeit zu praktizieren von dem ausschweifenden Sexualleben, das ich vorher so schrankenlos ausgelebt hatte.

Es dauerte acht lange Jahre, bis ich die Frau fand, die sich auf das Abenteuer „Schräger Stefan lebenslänglich" einlassen wollte. So übte ich mich in dieser Zeit – als sexerfahrener, leidenschaftlicher und zielorientierter Mann – in der Disziplin Sexualverzicht, und zwar all-inclusive, mit allen Accessoires und Assoziationen. Solche Abstinenz liegt heute nicht im Trend. Im Strom der gestressten Genießer heißt es: „Jetzt zugreifen und genießen – später die Rechnung!" Als unverschämter Gegenstromschwimmer stelle ich das infrage: Die Wissenschaft legt uns nahe, wie wichtig es für Körper und Geist ist, Ziele, Visionen und Hoffnungen zu haben, weil sie Menschen antreiben und ihnen Energie verleihen. Hat jemand das schon einmal in Bezug auf die Sexualität durchdacht und angewandt? Denn das bedeutet: Eine auflebende Jungfrau dürfte doch über viel mehr Vorwärtsdrang und Power verfügen als ein abgelebtes „Altmädchen", oder? Ich erinnere mich an die Geschichte von einem englischen Mädchen, einer Jungfrau, die von ihren promiskuitiven Mitschülerinnen verspottet wurde wegen ihres Status. Eines

Tages wurde es ihr zu bunt, sie stand auf und wandte sich gegen ihre Mobberinnen mit den Worten: „Ich hätte jeden Tag die Möglichkeit zu werden, was ihr seid – aber ihr werdet nie wieder die Möglichkeit haben zu werden, was ich bin." Danach hatten ihre Mitschülerinnen nichts mehr zu sagen.

So tanzte ich mit meiner „Sexkarriere" ganz ordentlich aus der Reihe. Nach dem Motto: „Erst die Schranken los – dann die Keuschheit groß." Zuerst den Trieb viel zu früh aufgedreht, ihn dann in der Folge völlig überdreht und danach plötzlich mal für acht Jahre abgedreht. Eine Analyse des Psycho-Papstes und Trieb-Therapeuten Sigmund Freud hätte mir sicherlich einen „Drehwurm" mit allerlei Neurosen angehängt. Er schrieb in seinen frühen Jahren: „Ein völliger Triebverzicht ist daher schädlich für die Kultur. Abstinenz bringt nur ,brave Schwächlinge' hervor, aber keine großen Denker mit kühnen Ideen."[2] Sein Schüler und Psychokollege Wilhelm Reich, der als Vater der sexuellen Revolution angesehen wird, war überzeugt, dass alle Neurosen durch einen aufgestauten Sexualtrieb entstünden. Hahaha! Bei mir war das definitiv anders. Mir hat diese Zeit der Abstinenz gar nicht geschadet, weder körperlich noch seelisch – ganz im Gegenteil.

Ich bin genauso wenig stolz auf meinen „verrückten" Verzicht, wie ich mich für meine vormaligen Verir-

---

2 Sigmund Freud, Die „kulturelle" Sexualmoral und die moderne Nervosität, in: Das Unbehagen der Kultur, Frankfurt am Main, Fischer 2009, S. 125.

rungen schäme. Die Zeit der Abstinenz lehrte mich Warten und Zurückhaltung. Ich bin überzeugt davon, meine Verzichtsbereitschaft in Bezug auf manche Begierden hat auch etwas mit meinem Verzichtserfolg in Bezug auf den Stress zu tun. Ja, ich glaube, Verzichtsbereitschaft ist eine Voraussetzung für den Ausstieg aus dem Strom der Gestressten. In meinem Fall war ein Verzichtsübungsfeld die Sexualität, später kamen weitere Felder hinzu.

Für meinen Vater war es eine Unmöglichkeit, dass ich parallel zum Geschäft für meinen Glauben lebte. Die kirchlichen Kreise, in denen ich jetzt meine Freizeit verbrachte, waren ihm ein Dorn im Auge. Dort geriet ich seiner Wahrnehmung nach unter den Einfluss von arbeitsscheuen Freunden und eine geschäftstüchtige Ehefrau, wie er sich eine für mich wünschte, gab es dort gewiss nicht. Mit achtundzwanzig prophezeite er mir die endlosen Qualen des Zölibats, würde ich mich nicht bald von meiner Ketzerei bekehren. Ganz so abwegig waren seine Bedenken nicht; denn als ehemaliger Profi in der Anmache machte ich nun nicht immer die beste Figur bei dem Versuch, die Frau fürs Leben zu finden.

Weil ich über viele Jahre stark mit mir selbst beschäftigt und psychisch wenig belastbar war, betrieb ich lange Zeit gar keine Anstrengungen bei der Partnersuche. Als meine Psyche am Ende meines dritten Lebensjahrzehnts stabiler wurde und die Uhr meiner Jugendzeit langsam ablief, fand ich, dass ich nun reif genug sei. Zielstrebig und entschlossen, wie ich war, setzte ich alle Hebel in Bewegung, um in die Nähe von potenziellen Kandidatinnen für die Ehe zu kommen. Ich hielt in vielen Kirchen

Ausschau, doch fand ich nirgends eine Brautfrau. Nach diversen Enttäuschungen ruderte ich wieder zurück und begab mich erneut in den Modus der Untätigkeit. Ich wollte bei dieser gewichtigen Entscheidung nichts falsch machen und sehnte mich nach einem Zeichen vom Himmel. Da ich auf diesem Gebiet in der Vergangenheit zu viel aus mir selbst heraus erzwungen hatte, wollte ich nun am liebsten ganz unbeteiligt in eine Beziehung hineinrutschen, von der ich wusste, es war die für mich vorherbestimmte. Idealerweise sollte sich mir die göttliche Weisung im Traum offenbaren, denn diesen Bereich konnte ich nicht mit meinem Willen beeinflussen.

Traumfrau gesichtet

Irgendwann warf ich ein Auge auf eine Blondine aus unserer Jugendgruppe. Ich bildete mir ein, meine Zuneigung zu ihr beruhe auf Gegenseitigkeit. Langsam entwickelten sich erste zaghafte Treffen zwischen uns und mächtige Gefühle im Hintergrund. Ich war mir dennoch unsicher, ob das nun die vorbestimmte Partie für mein Leben war, und versuchte zu verifizieren. Inmitten dieser Verliebtheit brach er dann – vollkommen unverhofft und ohne Vorwarnung – auf mich herein: der ersehnte Traum. Ich träumte von einer Hochzeit, und zwar von meiner eigenen. Die Braut, die ich in meinem nächtlichen Gedankenkino heiratete, gefiel mir optisch gut, allerdings kannte ich sie nicht, und sie war nicht blond, sondern brünett. Ich konnte mich am nächsten Morgen noch genau an ihr

Gesicht erinnern und sah das als ein Zeichen vom Himmel. Anschließend erklärten Gott und ich meinen Gefühlen, dass wir die Sache mit der Blondine nun abebben lassen wollten. Das war anfangs gar nicht so einfach, aber mit der Zeit klappte es.

Es dauerte etwa sechs Monate, dann spazierte die Frau aus meinem Traum (jedenfalls hatte sie verblüffende Ähnlichkeiten mit ihr) zu meiner Überraschung in unsere Kirchengemeinde. Ich reaktivierte meine Kontaktkompetenz aus der Vergangenheit und initiierte ein sehr interessantes Gespräch nach dem Gottesdienst, was meine Gefühls- und Gedankenwelt für die nächsten Tage vereinnahmte. Sie war Engländerin und nur zu Gast in der Kirche.

Traumfrau besetzt

Mein Ziel war, sie wiederzutreffen – das Problem war, dass sie wahrscheinlich nicht mehr so schnell in den Gottesdienst kommen würde. Die Denkfabrik in mir lief auf Hochtouren, eine Lösung musste her. Ich organisierte für den nächsten Samstag eine Grillparty und lud auch den Freund aus Frankfurt ein, der die Traumfrau in den Gottesdienst mitgeschleppt hatte. „Sie ist anscheinend eine flüchtige Bekannte aus seinem Umfeld", dachte ich. Als ich mit ihm telefonierte, kam er sofort, wie von mir erhofft und geplant, auf sie zu sprechen – nur ganz anders, als mir lieb war: „Darf ich auch meine neue Freundin mitbringen?" „O no! – sie ist also besetzt!", schoss es mir durchs Herz. Damit hatte ich überhaupt nicht gerechnet.

Mit Pokerface außen und abgrundtiefer Enttäuschung innen entgegnete ich: „Ja, natürlich." Die Party musste nun durchgezogen werden. Beim Grillen entpuppte sich die nette Engländerin tatsächlich als traumhaft, aber ich hielt es für angemessen, mir die Sache aus dem Kopf zu schlagen. Ich wollte mich nicht gedanklich mit der Freundin eines anderen beschäftigen.

Traumfrau verfügbar

In den nächsten sechs Monaten versuchte ich auf anderen Kanälen und hinter anderen Rockzipfeln fündig zu werden – jedoch vergeblich. Eines Abends – die Frustration über mein Single-Dasein und die Motivation, etwas daran zu ändern, hielten sich ungefähr die Waage – kam mir die Frau aus dem Traum wieder in den Sinn. „Vielleicht ist bei denen ja Schluss", grübelte ich. Dann könnte ich ja auch mit gutem Gewissen weiterbaggern. Ich nahm allen Mut zusammen und rief meinen und ihren Freund aus Frankfurt an, der sich in dieser Angelegenheit als wahrer Freund erweisen sollte. Ich fragte ihn, wie es ihm ginge, wollte aber hauptsächlich wissen, ob er noch mit der Traumfrau zusammen war. Er kam gleich zur Sache und meinte: „Nicht so gut, bei uns ist Schluss, sie ist wieder zurück in England." Wir beendeten das Telefonat und ich war einen Schritt weiter. Aber ein nächster Schritt lag noch vor mir: „Wie komme ich denn jetzt an ihre Adresse in Großbritannien?", fragte ich mich. Es blieb mir nichts anderes übrig, als den wahren Freund gleich noch einmal anzurufen und ihn zu fragen, ob er mir ihre Adresse geben könnte. Zu Hilfe kam mir die Tatsache, dass er mich einige Jahre zuvor einmal ganz schön unverschämt nach der Adresse einer Schweizerin gefragt hatte, mit der ich engeren Kontakt pflegte und an der er offensichtlich Interesse hatte. So erinnerte ich ihn an diese Episode, bevor ich plump nach der Adresse seiner Ex fragte und diese auch ohne Zögern bekam. Ein Etappensieg war errungen.

Traumfrau erobert

Bevor ich zu Papier und Tinte griff, um der Traumfrau zu schreiben, organisierte ich eine Silvesterfreizeit. Danach schrieb ich den bereits Tage zuvor im Kopf vorformulierten Brief und lud sie zu diesem Event ein. Es war kurz vor Weihnachten 1990. Ihre Antwort ließ nicht lange auf sich warten: Erstens kenne sie mich nicht und könne sich nicht an die Begegnung auf der Party erinnern, von der ich schrieb, und zweitens habe sie in den Winterferien schon etwas anderes vor. Ich gab nicht auf und schickte ihr ein Foto von mir. Sie antwortete erneut, konnte sich nun an mich erinnern und stellte in Aussicht, vielleicht in den Osterferien wieder nach Deutschland zu kommen.

Sie kam. Ich plante eine Frühjahrstour mit ihr durch Jugendherbergen in der Fränkischen Schweiz. Sie begleitete mich mit einigen ihrer alten Bekannten aus Frankfurt. Die Tour ging für mich mächtig daneben: Ich war vollkommen verliebt und völlig verkrampft; sie schien ausgesprochen ausgeglichen und unnahbar uninteressiert zu sein. Sechs Wochen später ließ sich die junge Traumfrau aus England noch einmal auf eine Jugendherbergsreise mit mir ein – diesmal nach Cornwall. In dieser Zeit sprang der Funke auch bei ihr über und wir wurden ein Paar. Ich dachte mir: „Bevor es zu spät ist und man sich aneinander gewöhnt hat, komme ich gleich zum Punkt." Am Tag unserer Paarwerdung beichtete ich ihr also meine katastrophalen Verfehlungen auf sexuellem Gebiet. Ich erzählte, dass ich mit fünfzehn erstmals zu einer Prostituierten eingegangen war, und fragte sie, ob sie auch von den anderen schlimmeren Perversitäten wissen wolle, die ich auf dem Gewissen hatte; aber sie verzichtete darauf und fragte auch nie wieder danach.

Bereits Jahre vorher entdeckte ich die Tür aus meiner geistlichen Verlassenheit und wurde von Gott beschenkt mit einer Beziehung für die Ewigkeit. Nun führte er mich auf den Weg aus der menschlichen Einsamkeit und schenkte mir die Beziehung zu der Frau meiner Lebenszeit. Als ich mich anfangs fragte, was wohl wichtiger wäre – die Beziehung auf Lebenszeit oder in Ewigkeit –, fiel es mir nicht schwer, die Priorität zu setzen: „Nichts und niemand, auch nicht meine Frau, soll mein Leben bestimmen wie mein Gott!" Denn ich wusste seinerzeit schon: Kein Mensch kann mein innerliches Sehnen nach einer nachhaltigen Liebesbeziehung so ausfüllen wie mein Gott.

Eltern verlassen

Natürlich lief parallel zu meinem turbulenten Privatleben auch unser Geschäftsleben weiter. In den Achtzigern arbeiteten circa dreißig bis vierzig Mitarbeiter im Langener Unternehmen. Mein Vater konzentrierte sich auf den boomenden Holzfensterbau. Dabei war er als Kaufmann inspiriert und als Erfinder versiert: Inmitten seiner Alltagsarbeit entwickelte er mal kurz eine zukunftsweisende APTK-Gummidichtung für Holzfenster mit innovativer Doppellippe. Danach entwarf er eine Überschlagdichtung, die später von der ganzen Branche übernommen wurde. Mein Vater war ein Wunderwuzzi bzw. Tausendsassa, wie ihn seine Mutter schon bezeichnete. Seine Erfindungen waren so unterschiedlich wie seine Begabungen: Erst ging es los mit Handwerkzeugen, dann kamen Elektromaschinen, dann Dichtungsprofile, dann wurden Maschinen optimiert und umkonstruiert und schließlich erfand er die Fluttechnologie, die heute immer noch Stand der Technik beim Grundieren von Holzfenstern ist. Mein Vater hat mit seinem äußerst geringen Bildungsniveau beachtliche Leistungen erzielt und bemerkenswerte Errungenschaften erreicht. Allerdings hat er immer behauptet: „Ohne meine Frau hätte ich das nie geschafft!" Sie war immer seine rechte Hand, begabt und beharrlich – eine wahre Unternehmerin.

Ich prägte meine Abteilung als Marketingmann und Vertriebsstratege einseitig. Fachkompetenz und Technologie vernachlässigte ich. Nachdem mein Bruder in der Maschinenabteilung bereits jahrelang mit Computern experimentiert hatte, gab es in der Werkzeugabteilung noch lange keinen Rechner. Mir waren diese Dinger höchst suspekt und vor allem fremd. Schon als Kind war Technik nicht meine Welt – ging es um Elektrik oder Mechanik, war das meines Bruders Feld. Ich investierte mich nur so tief in die Technik, wie es nötig war, um die Verkaufszahlen anzukurbeln. In meinen zwölf Außendienstjahren in Langen besuchte ich Hunderte Schreinereien. Im Vertrieb war ich sehr erfolgreich, in der Technik sehr einfältig. Mit scheuklappenartigem Tunnelblick auf Werkzeuge blendete ich Maschinen vollkommen aus.

Es mag lächerlich klingen, aber es ist ein Fakt: Am Ende meiner Zeit in Langen konnte ich noch nicht einmal eine Abrichthobelmaschine von einer Dickenhobelmaschine unterscheiden. Was das Hobeln angeht, hatte ich nur einen Blick für die Messer, nicht für die Maschine. Ich wollte so schnell wie möglich so viele Hobelmesser wie möglich verkaufen, dann nichts wie weg zum nächsten Kunden und dann ruckzuck Feierabend machen. Ich kannte alle Hobelmesserarten, die Vor- und Nachteile der Systeme, die Hersteller, deren Marktanteile, natürlich die Preistabellen und vor allem unsere Rabatte und Mengenrabatte und ganz besonders die Konkurrenz. Aber die Maschinen, in denen die Werkzeuge arbeiteten, waren für mich wie Bücher mit sieben Siegeln. Meine Selbstanalyse war: „Die Maschinentechnik ist zu kompliziert für mich, das werde ich nie lernen."

Es verschaffte mir Genugtuung, meinem Vater meine Freundin und Traumfrau vorzustellen und seiner Prophetie das Attribut falsch anzuhängen. Doch das trug auch nicht gerade dazu bei, unsere Beziehung zu stabilisieren. Neben diesen persönlichen Spannungen hatten wir auch genug geschäftliche. Das brummende Unternehmen in Langen wurde in den Achtzigerjahren von drei Abteilungsmotoren angetrieben: Vater Anlagenbau, Junior I Maschinentechnik und Junior II Werkzeugverkäufer. Das bedeutete Dynamik für unsere Geschäfte und Zündstoff für unsere Familie.

Von Natur aus bin ich konfliktscheu. In unserer Familie prallten ständig verschiedene Überzeugungen und Ideale aufeinander. Schnell flogen die Fetzen und gab es Entsetzen und kurz danach war alles wieder im Lot und man saß wieder zusammen im Boot. Ich hasste diese Auseinandersetzungen und zog mich immer schnell aus der Affäre wie ein ängstlicher Hund, der mit eingezogenem Schwanz und angelegten Ohren das Weite sucht. Unsere andauernden Familienstreitigkeiten drehten sich im Kreise, immer wieder kamen die gleichen Geschichten hoch, fast nie wurde strategisch an Lösungen gearbeitet. Ich dachte mir: „Wenn wir dreißig Prozent unserer Arbeitszeit zanken und am Ende gibt es keine Veränderungen, sondern nur die Aussicht auf die nächste Debatte um dieselbe Sache, dann ist das unnötiger Stress – dann will ich in dieser Zeit lieber Wellen abreiten als um Worte zu streiten."

Da wir trotz dieser dämlichen Ineffizienz erfolgreich waren, konnte man das sicherlich ohne Streit umso mehr sein und würde stattdessen mehr Zeit für die angenehmeren Seiten des Lebens übrig haben, grübelte ich. Mir wurde bewusst, dass mein Bruder und ich zu unterschiedlich waren, um das Unternehmen in Zukunft gemeinsam zu übernehmen. Sehr spontan, nach einer emotionalen Krise mit meinem Vater, gab ich Ende 1991 einen überraschenden Entschluss bekannt, der wie ein Donner aus heiterem Himmel auf die Familie hereinbrach: „Ich steige aus der Firma aus!" Als meine Eltern nach kurzer Zeit des Entsetzens und längeren Beratungen untereinander gar nicht so negativ auf meine Idee reagierten, war ich baff. Sie konterten: „Warum machst du nicht eine Zweigstelle im Osten auf, da gibt es momentan viele geschäftliche Entfaltungsmöglichkeiten." Die Idee, ganz alleine in die Ex-DDR umzusiedeln, um dort eine Niederlassung zu gründen, klang für mich so verrückt, dass ich sie ernsthaft prüfen wollte – denn von Verrücktheiten ließ ich mich öfters leiten.

Schließlich fackelten wir nicht lange und setzten die Idee in Windeseile um. Schon einige Wochen danach brach ich als Wessi auf zu den Ossis und machte diverse Testreisen. Schon einige Monate später sollte ich dann „Wossi" heißen. Schnell waren meine Zelte in Langen abgebrochen, kurzerhand wurde meine Abteilungsleitung übergeben – und in der Folgezeit durfte ich nun im Osten neue Abenteuer erleben.

RADEBEUL, 1992–1995

Zweieinhalb Jahre nach der Wende bezog ich im Frühjahr 1992 mein neues Zuhause in Sachsen. Das Ambiente passte: Ich wohnte für die ersten Monate am Mittelteichbad direkt beim Schloss Moritzburg, einem berühmten Austragungsort für höchste Regierungskonsultationen. Allerdings residierte ich nicht in einer Suite im Schloss, sondern campte im elterlichen Wohnwagen auf einem Zeltplatz. Parallel zu meinem Umzug wurde meine Traumfrau an einer englischen Universität in ihrem Traumberuf Lehrerin ausgebildet.

Meine Eltern und ich entschlossen uns, eine Niederlassung des Langener Unternehmens im nahe gelegenen Radebeul zu etablieren. Wir mieteten uns in einem alten DDR-Betrieb ein. Ich liebte das Urlaubsflair in Moritzburg und radelte jeden Morgen nach Radebeul zur Arbeit. Wie vielleicht typisch bei einem Neustart, war mein Tisch in den ersten Wochen völlig leer und aufgeräumt und mein Kopf frei und aufnahmefähig. Ich genoss eine herrliche Zeit der Entspannung. Das sollte sich allerdings schon bald ändern.

Die ehemalige DDR von innen kennenzulernen, war für mich eine anregende und spannende Angelegenheit, denn das, was ich bis dato unter „DDR" verstand, war einfach nur naiv. Meine Vorstellungen von der DDR wurden unter anderem von meinem Vater geprägt. Es war nicht seine Art, viel über Politik oder Gesellschaft zu sprechen, aber dass die Sowjetunion nicht gerade sein favorisierter Block war, daraus machte er keinen Hehl.

In meiner frühen Realschulzeit, als er mich wieder einmal mit auf eine Außendiensttour genommen hatte, machten wir Pause an der „Zonengrenze" bei Rasdorf. Wir betrachteten gemeinsam den Grenzverlauf, starrten auf den Stacheldraht und die Wachtürme, sichteten einige feindliche Beamte und sahen sehr viel Beton. Nach einer Weile der Stille sagte er einzig: „Das ist die DDR." Das reichte für mich, um mir in meinem Kinderhirn auszumalen, dass auch das restliche DDR-Gebiet samt den DDR-Bürgern diesem Anblick entsprechen müsste. Seit diesem Tag assoziierte ich DDR mit „Das ist die Betonwüste".

Meinen ersten Abstecher in die „Betonwüste" machte ich als Twen mit einer kirchlichen Jugendgruppe, als ich noch in Langen wohnte. Ich saß mit Komiker in seinem VW Passat und wir reisten auf der A4 über Eisenach Richtung Osten. Als Ausgleich für unsere spitzbubenhaften Spritztouren ohne Führerschein hatten wir diesmal gleich zwei Führerscheine mit. Komikers Vorstellungen von der DDR waren ähnlich vorurteilsvoll und unwissend wie meine. Ich erinnere mich noch, dass wir, als wir die ersten Betonwohngebiete sichteten, schrien: „Das darf doch nicht wahr sein! Überall Trabis!" Wir kamen aus dem Staunen nicht mehr heraus und lachten uns schlapp. Das hatte uns nie jemand erzählt, dass hier fast alle Menschen denselben Fahrzeugtyp fuhren, und wir fanden es megaulkig, dass es anscheinend nur einige wenige verschiedene Fahrzeugfarben gab. Dieser erste Eindruck schien uns wie eine Bestätigung zu sein, dass wir tatsächlich unterwegs durch eine große Betonwüste waren.

Als wir dann in Gera ankamen, änderte sich unsere Meinung jedoch schnell und wir erkannten, dass die DDR gar nicht so farblos war, wie wir sie uns vorstellten. Die thüringischen Jugendlichen luden uns zu einer Wanderung ins Grüne ein. „Ins Grüne?" – Es verschlug mir die Sprache. Doch später stellte ich fest: Hier gab es tatsächlich genauso attraktive Landschaften wie im Westen; ja, hier war es sogar hügeliger und schöner als im Rhein-Main-Gebiet.

Traumfrau gefreit

Ab Spätsommer 1992 wohnte ich dann in einer kleinen Wohnung in Radebeul. Meine Traumfrau absolvierte noch ihr letztes Semester in England, kam aber im Herbst nach und wohnte in Dresden. Die Hochzeitsnacht war für mich die Zielmarke, wo ich meine selbst geduldete – manche würden sagen: selbst verschuldete – Sexualabstinenz beenden wollte. Es dauerte dann nach dem „Verliebt" nicht mehr allzu lang mit dem „Verlobt, Verheiratet". Wir freuten uns riesig und planten eifrig unsere Trauung im Januar 1993, die, wenn man unsere kleinen Familien ansieht, fast eine Megahochzeit war.

Ich konnte meine ökonomische Kompetenz, die ich mir als Jugendlicher bei der Auswahl von Übernachtungslokationen angeeignet hatte, nun für die Hochzeitsvorbereitungen einbringen. Die Feier sollte nach meinem Willen und Plan unter dem Motto „Viel Action – wenig Kosten" stattfinden. Traumfrau unterstützte mich ganz prima. Meine Eltern hatten als Geschäftsleute völlig andere Vorstellungen von der Vermählungsfeier ihres Sohnes, aber wir hielten es für absolut angesagt, unser Event so zu planen, wie es uns gerade passte. Die über zweihundert Gäste wurden eingeladen unter der Bedingung: „Keine Geschenke, aber dafür auch kein Essen!" Der Einwand:

„Das kannst du nicht bringen, was sollen die Leute denken?", wurde ignoriert. Einen Tag vor der Hochzeit merkten Traumfrau und ich, dass die ganze Planung aus dem Ruder lief; sprich, wir hatten nicht detailliert genug geplant und hatten nun für einige Detailaufgaben keine Verantwortlichen. Wir entschieden uns dafür, die Sache einfach laufen zu lassen.

Auf der Hochzeitsfeier wurden wir von A bis Z überrascht. Die Gäste stellten ein wunderbares selbst mitgebrachtes Buffet zusammen, Geschenke gab es reichlich, das Unterhaltungsprogramm war – dank Buchhalter und Buchhalterin – phänomenal und genau nach unserem Geschmack. Sehr früh am Abend verschwanden dann Traumfrau und ich ins Hotel. Unterdessen hatten wir keine Ahnung, wer sich um das Aufräumen nach der Feier kümmern würde, die entsprechende Planung hatten wir einfach nicht mehr geschafft. Am nächsten Morgen erfuhren wir, dass meine Eltern das hauptamtlich mit vielen anderen Freunden übernommen hatten, diese treuen Seelen. Das war trotz der Eigensinnigkeit ihres Sohnes eine Selbstverständlichkeit für sie.

Traumfrau überfallen

Ein paar Tage später ging es auf Hochzeitsreise – ab in die Karibik. Wir stiegen in der Dominikanischen Republik aus. Der Ferienklub schien dem Konsumprofil und den Bedürfnissen der meisten europäischen Touristen zu entsprechen: „All-inclusive" und „All you can eat", sogar

„All you want to drink" – aber nicht alles, was wir in diesem Touri-Industriebetrieb erlebten, war ein Vergnügen.

Wir schrieben inzwischen Tag fünf nach unserer Trauung, als wir nach einem genüsslichen Tag eine genießerische Nacht erleben wollten. Das Abendbrot war gereicht, das Abendrot verbleicht. Wir hatten Besseres zu tun, als in der Hotelhalle unter ohrenbetäubender Merengue-Musik auf die Tanzfläche zu starren. Also zogen wir uns auf unser Zimmer zurück und machten es uns in der Waagerechten bequem. Als Frischluftfreunde öffneten wir die Balkontür und dunkelten gleichzeitig das Schlafzimmer ab, bevor wir ins Bett gingen. Einigen Respekt hatten wir vor den Scharen von Moskitos, die sich im Hotelgarten um die Laternen scharten und ihre nächtlichen Beutezüge abzusprechen schienen.

Als wir dann so der Nacht entgegenflitterten, waren die Moskitos schnell vergessen. Plötzlich hatten wir jedoch ungeladene Gäste in unserem Zimmer, im Gegensatz zu den Moskitos von atemberaubender Riesenhaftigkeit und Statur. Es waren zwei kräftige einheimische Männer, die uns anscheinend vom Balkon aus, den sie hochgeklettert waren, schon eine Weile beobachtet hatten. Als ich sah, wie sie sich ausgerüstet mit einer Stechwaffe (ich glaube, es war ein langer spitzer Schraubenzieher) meiner Frau näherten, hatte ich, unterstützt durch meinen „kripochondrischen Instinkt", Todesangst um uns beide. Trotz meines Flitteraufzugs (…) sprang ich auf, schrie aus Leibeskräften um Hilfe und signalisierte in dieser so bizarr anmutenden Situation den Männern, dass ich nicht kampflos zusehen würde, wie sie meiner Frau etwas antäten.

Nach meinen Drohgebärden schienen sie ihre Strategie zu ändern nach der Devise: „Ist die Dame nicht zu haben, können wir uns auch an Devisen laben." Als ich merkte, dass sie sich mit ersetzbarem Geld zufrieden gaben, atmete ich auf. Wir gaben ihnen einige Hundert D-Mark und ich hoffte, die Sache wäre damit erledigt und sie würden nun schnell wieder über den Balkon in die Nacht abschwirren. Aber da entdeckten sie noch einen Ring auf dem Nachttisch meiner Traumfrau, nach dem es sie gelüstete. Meine Traumfrau gebärdete sich allerdings bockig und stur: „Das ist ein Erbstück, den geb ich nicht her." Dabei erstaunte sie mich doch sehr, weil ich alles Materielle hergegeben hätte, um die Entsetzen erregenden Eindringlinge schnell zu entlassen. Ihre Beharrlichkeit erwies sich derweil als erfolgreich und so rutschten die zwei Kletterakrobaten mit ein bisschen Geld ohne den Ring wieder die Balkonsäule hinunter.

Die Hotelrezeption erklärte uns nach dem Überfall, sie hätten so etwas noch nie erlebt. Später lernte ich einen ehemaligen Hotelmanager kennen, der mir berichtete, dass diese Raubüberfälle gang und gäbe wären. Ich dachte mir: „Eigentlich sind wir Touris selbst schuld. Erst buchen wir uns ein im Elite-Getto inmitten von Elends-slums, dann lassen wir gegenüber dem auf Minimalversorgung laufenden Personal der Anlage unsere Maximalverwöhnung raushängen, gebärden uns als Könige und Krösusse unter Bettlern und Bedürftigen und dann wundern wir uns, wenn der Neid sie zum Raube treibt." So folgerte ich: „Nie mehr Luxusurlaub in einem Entwicklungsland."

Durch die rauschenden Stromschnellen der Aufbauzeit
Der wilde Westen erobert den Osten

Nach den Flitterwochen zogen wir in ein beschauliches Apartment in Radebeul und lernten, wie man eine Wohnung mit Kohle heizt. Über einen Bibelhauskreis fanden wir Kontakt zu jungen Ehepaaren aus der Ex-DDR. Beim wöchentlichen Eintritt in die Plattenbauwohnungen wurde mit penibelster Sorgfalt darauf geachtet, dass wir uns unserer Straßenschuhe entledigten. Als westdeutscher Kapitalmensch und Geldunternehmer wurde ich von unseren Kirchenfreunden beschnüffelt und durchleuchtet. Dabei hinterließ die Duftnote meiner Strümpfe weniger Eindruck als die Löcher meiner Socken. Während des Singens müssen dann meine Fußzehen immer wieder mal aus meinen kaputten Socken herausgelugt haben. In meiner Versunkenheit war mir das nicht aufgefallen, aber andere Personen hatten diesen Umstand sehr wohl mitgeschnitten. Später wurde mir berichtet, dass mir diese Nachlässigkeit bei den Ossis diverse Sympathien eingebracht hatte. Unsere sächsischen Freunde meinten es gut mit uns und rieten uns besonders für das erste Ehejahr: „Entspannt ausgiebig, reserviert viel Zeit füreinander und macht bloß nicht zu viel Stress!" „Jaja, das machen wir", entgegnete ich blauäugig.

Es war die Zeit des Aufbaus Ost, in der wir als frisch vermähltes Paar auch den Aufbau der Familie und des Unternehmens zu schultern hatten, und so stürzten wir uns fröhlich in den Arbeitsalltag. Meine Traumfrau schickte mir zuliebe ihren Traumberuf Lehrerin wieder ins Reich der Träume und half in den ersten Jahren tatkräftig im Unternehmen mit. Sie wurde meine Traumsekretärin. Wie ein Traum war auch unser gemeinsamer Start in Radebeul: Wir waren oberbegeistert von unserem neuen Leben als Zweierschaft; wir waren hochmotiviert, weil die Aussicht auf Familiennachwuchs und Unternehmenskarriere uns antrieb; wir waren überglücklich, da wir uns ausgezeichnet verstanden und ergänzten – und davon abgesehen waren wir auch ganz schön naiv. Statt auf den weisen Ratschlag der gemütlichen „Kaffeesachsen" zu hören, folgten wir dem Diktat des gehetzten Stroms der Gestressten aus dem Westen.

~

Vor und nach der Wende ging es mit der deutschen Wirtschaft weiter bergauf. Von wegen Wirtschaftswunder nur in den Fünfzigern und Sechzigern! Zwischen 1970 und 1990 verachtfachte (!) sich das Bruttoinlandsprodukt in der BRD. So schwoll der Wirtschaft und Kultur vereinende Strom mächtig an. Es wurden ständig neue Güter angespült, die einst als Luxus nur den Reichen vorbehalten waren, jetzt aber für alle Schichten erschwinglich wurden. Die Generation meiner Eltern und wir, ihre Nachkommen, fanden das toll. Wir eigneten uns eine unüberschaubare Menge an Dingen an, die wir eigentlich nicht brauchten – immer öfter von Geld, das wir nicht hatten; nicht selten, um die Leute zu beeindrucken, die wir gar nicht mochten (frei nach Richard David Precht). Das salzige Stromwasser machte uns durstig, sodass wir unersättlich wurden und immer mehr von allem wollten, obwohl wir sowieso schon viel satter waren und mehr hatten als alle Generationen vor uns. Wir suchten unser Glück in der Menge unserer Besitztümer und der Strom befriedigte diese, indem er in immer kürzeren Abständen alte Waren als out und neue als in deklarierte.

Ab den Neunzigern wurde das allgemeine Wirtschaftswachstum schwächer, aber dafür die individuelle Stressbelastung stärker. Eine Sternstunde für den Strom schlug, als die deutsche Wendezeit und die digitale Zeitenwende in etwa zeitgleich auf den Geschichtsblättern erschienen. Als die Telekom die Datenleitungen auf Highspeed umstellte, beschleunigte sich das Arbeitstempo für die Mit-dem-Strom-Schwimmenden analog. In der Folge war überall in den Jobs zu beobachten, wie Aufmerksamkeit und Konzentration abebbten, sich dagegen Ablenkung und Konfusion ausbreiteten. Das sogenannte Zeitalter der Kommunikation hatte begonnen. Die Interaktion des Einzelnen sollte nun weniger mit dem Menschen und mehr mit der Maschine stattfinden. Man fing bereitwillig damit an, die Kompetenzen Denken und Erinnern auszulagern – vom menschlichen Gehirn in den maschinellen Prozessor. Der Kollege Computer mit seinem genialen Gedächtnis und seinen superschnellen Suchstrukturen ersetzte nach und nach die kognitiven Kapazitäten des menschlichen Verstandes.

Auch meine Kapazitäten im Produzieren von Stress entfalteten in dieser Zeit ihr ganzes Potenzial. Von Unternehmensaufbau hatte ich keinen blassen Schimmer. Berater zu kontaktieren war mir zu zeitaufwendig, der wesentlichste Ratgeber, den ich damals konsultierte, war mein Bauch. So liest sich der Beginn des Unternehmens nicht wie eine Erfolgsgeschichte, sondern wie ein Handbuch für alle, die wissen wollen, wie man es nicht machen sollte. Untätigkeit brauchte ich mir allerdings nicht vorzuwerfen. Von Radebeul aus rührte der höchste Streber in mir mit seinem Außendienstschwarm die Branche auf und machte den Markt unsicher wie eine Wespeninvasion eine Kuchentafel. Bereits nach drei Jahren hatten wir fünf Verkäufer im Außendienst – doch unser Blitzwachstum stand auf tönernen Füßen.

Ich befand mich mit meinen Stressmarotten in guter Gesellschaft, denn die meisten meiner Goldgräberkollegen aus dem Westen machten es wie ich: Wir rotierten um die Wette und um die runde Uhr, um alles effizienter zu machen, damit mehr Zeit würde, und mussten dann später feststellen, dass weniger Zeit blieb. (So ähnlich hat es Elias Canetti mal ausgedrückt.) Wir stürzten uns mit Leib und Seele in das wohltemperierte Wasser des Stroms, das mächtigen Vortrieb und müheloses Vorankommen stromabwärts versprach. Aber der Strom meinte es nicht gut mit seinen Mitreisenden. Irgendjemand musste ja die Gegenleistungen für seine Güterschwemme aufbringen und dafür hatte er sich die Stromschwimmer auserkoren: Sie durften nun auch flotter arbeiten und paddeln und strampeln. Während sich noch viele an den Konsumexzessen ergötzten, gab es eine zunehmende Anzahl von Individuen, die sich in ihren stressigen Jobs überfordert und erschöpft fühlten, deren Freude mitten im feuchten Nass und Güterüberfluss vertrocknete und denen die Lust auf Genuss verging. Von Jahr zu Jahr verkündete der Strom stolz Rekordpegelstände an Macht und Einfluss, parallel dazu verzeichnete er aber auch Höchststände an Stressopfern.

Nachdem der Strom durch die Computerisierung und Wiedervereinigung unterstützende Pumpwerke für seine Wirtschafts- und Stresskultur gewinnen konnte, entdeckte er weitere Nebenflüsse mit massiveren Wassermassen, die sich nach der Wendezeit in den Strom ergießen sollten: Als Chinas Wirtschaft seine Schleusen öffnete, begannen des Stromes Wellen auf gigantische Ausmaße anzuschwellen. Der Strom propagierte die Globalisierung und machte die Welt zu einem Dorf. Viele im Ausland hergestellte Konsumgüter trugen zwar noch die Aufschrift „Made in Germany", weil sie bei uns verpackt und „veredelt" wurden, aber was jetzt so richtig boomte, war der „Trade in Germany". Mittlerweile hatten die Strombürger ihre Identität mit den Idealen des Stroms gleichgeschaltet: Sie sollten und wollten ununterbrochen shoppende Konsumenten und unermüdlich schuftende Kollegen sein. Die im Strom arbeitende Bevölkerung wurde durch Spaß, Spiel und Stress auf Trab gehalten. Die Flut an unnützen Dingen, die nun aus Fernost auf die Menschen einströmte, machte das Leben nicht nur kuschelig und komfortabel, sondern auch komplex und kompliziert. Durch das Haschen nach und Horten von all diesem Tand gerieten die stromabwärts Treibenden in eine Tretmühle. Sie produzierten reichlich Überschuss und lebten nun im Überfluss, den sie immer häufiger auf dem Flohmarkt verkaufen oder auf das Flussbett versenken mussten.

Aber auch für seine vielen Stresspatienten hatte der großherzige Strom vorgesorgt: Nach den anstrengenden Arbeitstagen verordnete er ihnen als tägliches Therapieprogramm erholsame Entspannung vor dem flimmernden Fernseher. Schon seit einigen Jahrzehnten hatte sich dieser angeblich entstressende Zeitvertreib unter den Strombürgern etabliert. Aber erst in den Achtzigern und Neunzigern fing die Medienlandschaft an, ihre volle Seelentröstungsenergie auszusenden. Jetzt gab es nicht mehr nur Rundfunk und eine Handvoll TV-Programme, sondern andauernde Berieselung, Besänftigung und Beschäftigung durch Privatsender, Computerspiele und Videofilme.

Von solchen unnützen Zeitfressern ließ ich mich nur selten ablenken von meinem Ehrgeiz, mit dem Unternehmen vorwärtszukommen. Tag und Nacht investierte ich, um unsere Vertriebsmaschine aufzubauen – aber nachhaltig war ich dabei nicht. Die Möglichkeit, bei technisch kniffligen Fragen auf das Know-how meines Vaters oder Bruders zurückzugreifen, war nun Geschichte, sodass ich oft zugeben musste: „Don't know how." Unser Mangel an profunder Expertise und unser Übermaß an exorbitanten Preisnachlässen kamen in der Branche bei unseren Kollegen Maschinenverkäufern gar nicht gut an. Unser Schaumschlägertum sprach sich schnell bis zu den Kunden herum. Wir wurden auf dem Markt wahrgenommen als eine hyperaktive Truppe, hinter deren Sprüchen wenig Substanz war. Kein renommierter Hersteller vertraute uns seine Vertretung an und kaum ein Holzwerker kaufte unseren Vertretern Maschinen ab. Der Unternehmensalltag wurde für mich zunehmend belastend und chaotisch. Die Erfordernisse des schnellen, aber schwerfälligen Wachstums beschleunigten mich und machten aus dem einst hastenden Hessen einen nun nicht mehr rastenden Sachsen.

Ein wilder Wessi schockt die Ossis

Die Lernunwilligkeit meiner Kindheit, die Technikfeindlichkeit meiner Jugend und die Scheuklappenmentalität meines bisherigen Erwachsenendaseins rächten sich nun und hemmten mein Tun. Das tat weh, aber meine emotionale Situation war jetzt nicht mehr so aussichtslos, wie sie Anfang zwanzig erschienen war. Ich hatte durch meine Bekanntschaft mit dem, der das lebendige Wasser gibt, Hoffnung empfangen und fing an, meine Probleme nicht mehr mit verzagter Verzweiflung zu verarbeiten, sondern sie zu lösen. Der lebenslange Lernprozess, der in Neuseeland angefangen hatte, ließ immer mehr Begabungen in mir aufblühen. Es war zwar etwas spät, aber immerhin, ich erkannte: „Ich bin jemand, der vieles lernen kann, wenn er will und seine Zeit investiert."

Nachdem wir nun mit dem Maschinenverkauf angefangen hatten, wollte und musste ich den Unterschied zwischen Abrichte und Dickte verstehen lernen und vieles mehr. Ich entschied mich für das Selbststudium. Mein erstes Lernfeld waren Fenstermaschinen. Als Wissensgrundlage für diese komplexe Technologie beschäftigte ich mich vorerst mit Fensterwerkzeugen – nicht gerade die unkompliziertesten Lernobjekte, aber ich wagte mich an sie heran. Also nahm ich mir, wenn ich z.B. in einem Restaurant auf mein Essen wartete, den Stehle-Fensterwerkzeug-Katalog zur Hand und starrte manchmal für eine Stunde oder länger auf die Skizzen und fragte mich, was wohl die ganzen Linien auf diesen mir bislang völlig unverständlichen technischen Zeichnungen zu bedeuten hatten. Was ich nicht verstand, schrieb ich in ein Notizbuch für mein nächstes Gespräch mit einem Spezialisten.

Einige wenige Male gingen wir mit unserer Vertriebsmannschaft auch zu Herstellern und ließen uns schulen. Ich kann mich noch gut an eine Schulung bei der Firma Ott in Waiblingen erinnern. Man wollte uns fit für den Verkauf von Kantenanleimmaschinen und Breitbandschleifmaschinen machen. Unser Mentor – ein Urgestein in der Branche; klug, redselig, witzig, ironisch – erklärte uns etwas über die Technologie, natürlich nicht ohne auf die Vorzüge seiner Produkte hinzuweisen. Es muss für ihn eine besondere Schulung gewesen sein, denn wir waren eine besondere Truppe, die an Unkenntnis vermutlich in der ganzen Branche ihresgleichen suchte.

Ein Schulungsteilnehmer fiel mir in diesen Tagen besonders auf – und das war ich selbst. Ich entdeckte plötzlich eine neue Eigenschaft an mir: Immer wieder unterbrach ich Herrn Klug mit Zwischenfragen über das Technik-Einmaleins. Er redete von vielen elementaren Dingen, die ich nicht verstand, und wenn ich dann doch etwas verstand, wollte ich die Gelegenheit beim Schopf packen und mehr

Details erläutert bekommen. Es war vielleicht nicht gerade „gentlemanlike", dass ich seinen Vortrag häufig unterbrach; aber durch mein ungewöhnliches Benehmen bemerkte ich, dass ich gerade eine Persönlichkeitsschwäche überwand, die eine der brutalsten Lernbremsen ist, die ich kenne: nämlich die Menschenfurcht. Ich hatte keine Hemmungen mehr, mir die Blöße zu geben, meine Wissensdefizite öffentlich zu machen, auch wenn das bedeutete, meine eigenen Mitarbeiter und einen wichtigen Lieferanten zu schockieren. Nebenbei zeigte ich einen sehr zielstrebigen Lernwillen und – wow, tatsächlich! – ich lernte etwas und viel und schnell in dieser Zeit.

Aber nur weil ich jetzt ein bisschen mehr von der Technik verstand, ging uns die Vertriebsarbeit nicht gleich leichter von der Hand. Herr Klug traf nach dieser Schulung – wie ich aus der weiteren kärglichen bzw. beendeten Zusammenarbeit vermuten musste – die kluge Entscheidung, seine kostbare Zeit in kompetentere Handelspartner zu investieren.

KLIPPHAUSEN, 1995–2002

Meine Eltern, die seit meinem Neuanfang in Sachsen fast jegliche Bevormundung und Einmischung vermissen ließen, schauten sich die Entwicklung in Sachsen grob an und interpretierten diese positiver, als sie war. Immerhin hatte ihr Sohn mittlerweile zwanzig Mitarbeiter rekrutiert und verzeichnete wachsende Umsätze. Die fehlenden Profite pufferte das erfolgreiche Unternehmen in Langen ab –

das würde sich schon irgendwann einmal richten. Das bisschen Stress war auch kein Problem für ihren Sohn – das tat ihm vielleicht sogar gut und lockte ihn womöglich heraus aus seinem übersteigerten und geschäftsschädigenden Freizeittrieb. So entschlossen sich meine Eltern kurzerhand, ein für ihre Verhältnisse gigantisches Gewerbeobjekt für den jüngeren Junior zu bauen. Wie das meine Art war, dachte ich über solche Entscheidungen und deren Konsequenzen nicht allzu viel nach, sondern signalisierte Konsens: „Neue Halle mit neuer Wohnung für uns – find ich gut!"

Nach eineinhalb Jahren Bauzeit bezogen wir im Februar 1995 den Neubau im Industriegebiet Klipphausen direkt an der A4 westlich von Dresden. Über dem Bürotrakt gab es reichlich Wohnraum. Dort bezogen Traumfrau und ich ein geräumiges Apartment. Der viele Stress, den der Aufbau des Unternehmens und der Umzug mit sich brachten, konnte uns nicht davon abhalten, zielstrebig die Familienplanung voranzutreiben. Im Umzugsjahr wurde unsere erste Tochter geboren. Im Gewerbegebiet auf der grünen Wiese war die Umgebung für eine junge Familie ein wenig trist. Das nächste von Menschen bewohnte Gebäude war etwa dreihundert Meter weit weg: ein Großhändler für Holz und Holzbearbeiter – die ZEG Sachsen. Unser Gebäudekomplex war einer der ersten in der Schwabacher Straße und als Nachbarn hatten wir lediglich auf der gegenüberliegenden Straßenseite Hasen und Kaninchen und zur anderen Seite Hobelmaschinen und Kantenanleimmaschinen. Mit dem Umzug verlor ich meine geniale und hübsche Büromanagerin, meine

Traumfrau aus Großbritannien. Sie gab mir in akzentfreiem Deutsch zu verstehen: „Du musst dir nun jemand anderen für die Buchhaltung suchen" – mit anderen Worten: „Game over with the Company – now I work for the Family!"

Natürlich war der Neuanfang in Klipphausen auf der grünen Hasenwiese eine angespannte und volle Zeit für uns. Die Worte meines Vaters: „Wenn du nicht wie ich pro Tag vierzehn Stunden arbeitest, dann kann aus dir nichts werden!", hatten nie eine sonderliche Faszination auf mich ausgeübt; aber nun war ich schockiert, dass meine Arbeitstage nicht viel kürzer als diese Vorgabe ausfielen. Ein beruflich hoch motivierter und erfolgreicher Geschäftspartner erzählte mir damals, dass seine Frau sich beschwerte, dass er am Wochenende immer ausgepowert sei und nichts mehr auf die Reihe bekäme; sobald der Samstag nahen würde, fiele er in ein unerklärliches Delirium aus Apathie und Antriebslosigkeit und alle Energie der Woche sei verpufft. Ich beobachtete ähnliche Symptome an mir.

Aber ich gelobte: Am neuen Wohnort sollte nun alles besser werden. Der Zeiträuber TV wurde eliminiert, der Zeitsparer PC wurde priorisiert. Die radikale Verbannung des Fernsehers haben wir nie bereut. Dass die zu blauäugige Fokussierung auf den Computer nicht nur Potenzial für Zeitersparnis, sondern auch für Zeitverplemperung in sich barg, wusste ich zu dieser Zeit noch nicht.

In Bezug auf Abmahnungen oder Entlassungen konnte ich auf keinen Erfahrungsschatz aus meiner Langener Zeit zurückgreifen. Bei solchen unangenehmen Tätigkeiten hatte ich mich immer nach hinten gedrängelt. Nun aber war ich ganz auf mich alleine gestellt und konnte mich nicht mehr drücken. Was ich in meinen ersten Jahren als Alleinverantwortlicher personalpolitisch fabrizierte, war abenteuerlich, asozial und anstößig.

Meine erste Entlassung bewerkstelligte ich noch in Radebeul. Da die ganze zähe Umsatzsteigerungsmaschinerie von mir abhing, wollte ich mich nicht von meinen Vertriebsaufgaben ablenken lassen, schon gar nicht durch Nebensächlichkeiten wie unvermeidbare Kündigungen. Es gab aber Bedarf, die Mannschaft zu optimieren, denn in meiner Ungeduld und Unerfahrenheit hatte ich einige Unqualifizierte für das Unternehmen eingestellt. Da war zum Beispiel ein menschlich sehr feiner Außendienstler, der allerdings aufgrund mangelnder Zielstrebigkeit nur unzureichende Resultate erzielte. Ich entschloss mich, ihm zu kündigen. Bei ihm war wenig Widerstand zu erwarten, denn er konnte keiner Fliege etwas zuleide tun. Ich hörte einmal mit einem halben Ohr irgendetwas von Kündigungsklagen und Arbeitsgerichtsprozessen – so etwas wollte ich auf jeden Fall vermeiden. „Wie kündigt man jemandem ohne Risiko?", fragte ich mich und folgte meinem Bauch. Ich rief ihn in mein Büro, legte ihm eine Einverständniserklärung zu seiner Kündigung vor und bat ihn, diese zu unterzeichnen. Er tat es. Den Ersten war ich los. Irgendwie sickerte die Kunde von den Umständen dieser Maßnahme durch zu den restlichen Mitarbeitern. Das Vertrauen zwischen der Belegschaft und mir war hinüber. Später tat mir diese Sache sehr leid; ich hatte keine Ahnung, dass so etwas ein Tabubruch war, wollte das aber vorher offensichtlich auch gar nicht so genau wissen.

Unser neues und schickes Domizil in Klipphausen brachte uns jetzt zwar viele Schaulustige ins Haus, aber der große Ansturm der Kauflustigen blieb aus. Ich merkte, irgendwie brachten wir außer viel Wirbel und zähen Umsatzsteigerungen nicht viel zustande – jedenfalls keinen Profit – und das musste sich ändern. Ich wurde zunehmend nervöser und meine Ungeduld, die ja bereits vorher in der Liste meiner Unarten auf den vorderen Plätzen rangierte, steigerte sich. Ich machte Druck auf meine Verkäufer und verschlimmbesserte dadurch unsere Beziehungen. Mein bester Außendienstler, ein redegewandter Verkäufertyp mit markant sächsischem Slang, ignorierte meinen Druck und intrigierte nach meinem Eindruck. Ich bestellte ihn in mein Büro und kündigte ihm fristlos. Der Sachse packte seine Sachen und ging. Noch am selben Tag stellte er seine Spontaneität, seine Unternehmermentalität und sein Krisenmanagement unter Beweis. Ich weiß zwar nicht, was an diesem Tag noch so hinter den Kulissen ablief, aber am nächsten Morgen erlebte ich eine böse Überraschung: Vier weitere meiner langjährigsten und tragfähigsten Mitarbeiter reichten mir, nicht ganz ohne diese Prozedur mit passendem Pathos zu zelebrieren, hintereinander ihre Kündigung ein. Ich war sprachlos und saß da wie ein begossener Pudel – später bei einer Betriebsversammlung heulte ich vor versammelter Mannschaft wie ein Schlosshund.

Unsere ehemaligen Mitarbeiter brauchten sich nicht nach neuen Jobs umzusehen, denn sie blieben in der Branche und schlossen sich im Wettbewerb gegen uns zusammen. Schon bald munkelte man am Markt: „Der große Töne spukende Höchsmann mit seinem großspurigen Bau ist pleite." Ich hörte so etwas nicht gerne, denn wir waren nicht pleite, allerdings – als hätte der Markt uns heimlich in die Bücher geschielt – hatten wir in dieser Zeit einen „nicht durch Eigenkapital gedeckten Fehlbetrag" zu verbuchen und das war schon ganz schön grenzwertig. Später versöhnten wir uns mit unseren ehemaligen Kollegen und seither haben wir eine herzliche und lockere Zusammenarbeit. Ihr Unternehmen existiert immer noch und sie haben ihren Weg gemacht.

Kultivierte Ossis zähmen den wilden Wessi

Bedingt durch den Unternehmensumzug und die urplötzlichen Kündigungen stellte ich in der Folge viele neue Mitarbeiter ein. In diesen Jahren gelang dann die Rekrutierung von herausragenden Persönlichkeiten, die in Zukunft den Unternehmenserfolg maßgebend gestalten sollten. Sie hatten und haben eines gemeinsam: Sie waren nicht so wild wie ich. In ihnen lag das Potenzial, mich bei der Zähmung meiner Unruhementalität in den kommenden Jahren zu unterstützen. Einige von ihnen möchte ich hier kurz vorstellen:

1994: Ein Werkzeugmacher stieß als Werkzeugschärfer zu uns, der heute für uns Maschinen aufarbeitet. Er ist nach mir der Mitarbeiter mit der längsten Betriebszuge-

hörigkeit. Aber nicht nur deshalb ist er unser „Oldtimer".
Als Hobby betreibt der Junggebliebene das Schrauben an
und Fahren auf Oldtimer-Motorrädern. Seine Zweiräder
sehen immer aus wie aus dem Ei gepellt, genauso wie die
Maschinen, die er für uns überholt und in Betrieb nimmt.
Er bereicherte unser Team mit seiner Gabe, sich durch
Selbststudium in unterschiedliche Holzbearbeitungsmaschinen einzufuchsen. Die Sorte Gebrauchtmaschinen,
an die sich nicht so viele Monteure in der Branche he-
ranwagen, sind seine Leidenschaft: Kantenanleimmaschinen, egal von welchem Hersteller – aber keine Oldtimer,
sondern möglichst ganz moderne mit viel Hightech unter
der Haube.

1994: Auf meine Zeitungsanzeige „Den Beruf Azubi
zum Manager gibt es zwar noch nicht, aber bei uns kann
man sich als Azubi interessante Manager-Prinzipien aneignen" meldete sich ein Radebeuler Schulabgänger. Er
begann eine Kaufmannsausbildung bei uns. Nach seiner „Manager"-Lehre wurde er auch in die Tätigkeiten
eines Gesellen und Meisters im Managerwesen eingewie-
sen. Heute ist er für mich unser Deskjockey, unser unermüdlich voranschreitender Vertriebsleiter, der an seinem
Schreibtisch die Zügel fest im Griff hat. Mit Bravour ga-
loppiert er im Tagesgeschäft über Stock und Stein und
kämpft dabei alleine für die Interessen des Unternehmens.
Seiner Bescheidenheit und Besonnenheit verdanken wir,
dass unsere Vertriebsmaschine auch nach jahrelanger un-
unterbrochener Beanspruchung tadellos schnurrt.

1995: Wenn man von der Schwabacher Straße in Klipphausen einige Hundert Meter über das Feld nach Nord-

osten geht, gelangt man zu einem großen Mehrfamilien-
hof – unserem nächsten Nachbarhaus in dieser Richtung.
Von dort bekamen wir eine Initialbewerbung. Der Junior
des Hauses, von Ausbildungswegen her Traktorenschlos-
ser und Wirtschaftsingenieur, wurde Teil unseres Büro-
teams. Schnell entwickelte er sich zu meiner rechten Hand
und zu unserem Prokuristen. Als Betriebsleiter hält er mir
seit vielen Jahren den Rücken frei. Davon abgesehen stellt
er seinen Genius dem Unternehmen als Prozessoptimierer,
Systementwickler und Produktmanager zur Verfügung. Er
sollte im Laufe der Jahre mehr als alle anderen mein engs-
ter Vertrauter und erster Verantwortlicher in Klipphausen
werden, ohne den die Firma heute nicht wäre, was sie ist.

1995: Fast zeitgleich stellte ich auch unsere „Prüferin"
ein. Nicht nur ihr Können als Bilanzbuchhalterin kam
dem Unternehmen zugute; nein, sie hat uns auch durch
ihre akribische Art, sich nicht mit dubiosen Dokumenten
zufriedenzugeben, vor manchem Fehltritt bewahrt. Seit
die Prüferin in unserem Hause ist, haben wir ausgezeich-
nete, ja richtig herzliche und beinahe freundschaftliche
Beziehungen zu den regionalen Finanzbehörden.

1995: Für elektronische Programmierarbeiten an Flut-
anlagen und Fördersystemen wurde unser „Elektrodidakt"
eingestellt. Heute ist er unser erster CNC-Monteur. Durch
seine schnelle Auffassungsgabe und seinen technischen
Durchblick hat er schon so mancher CNC-Maschine ihre
Widerwilligkeit ausgetrieben und ihre Widerspenstigkeit
ausgetrickst.

1995: Das Unternehmen brauchte Holzpraktiker und
so stellte ich unseren Tischlermeister ein. Egal ob Dü-

bel, Falz oder Nute, das Handwerk liegt ihm im Blute und seine Ausbildung kommt ihm zugute. Die Kunden schätzen das bei der Beratung. Auch bei Recherchen nach Schlitz, Zapfen oder Fasen fragen wir unseren alten Hasen. Er hat unsere Vertriebsarbeit maßgeblich geprägt, hat seinen Beruf an die Seite gelegt und seither im Vertrieb unsere Kunden gepflegt.

1997: Eine junge Frau aus einem Nachbardorf begann bei uns ein BA-Studium der Betriebswirtschaft. Als unsere ältere Tochter noch zur Grundschule ging, taufte sie diese Mitarbeiterin „Putzfrau", obwohl sie nie bei uns geputzt hat. Da ihr Zuname einer Substanz gleicht, die von elektrischen Saugern eingesogen wird, war Harmony felsenfest davon überzeugt, dass es sich um unsere Putzfrau handeln müsse. Heute ist das Missverständnis ausgeräumt, denn unsere Tochter ist als Auszubildende im Unternehmen. Putzfrau ist ihre Ausbilderin und stellt Putzkräfte und anderes Personal bei uns ein. Hauptamtlich managt sie unsere Logistikabteilung und kümmert sich um die Unternehmensverwaltung. Nebenbei ist sie unsere Bauleiterin, wann immer wir Hallen hochzuziehen haben.

1999: Ein Außendienstler eines namhaften Maschinenhändlers bereicherte unser Team mit seiner Tatkraft und technischen Brillanz. Heute ist er technischer Leiter und unser Doppelendprofilierer, was in der Branche für einen Alleskönner steht. Egal welche technischen Fragen oder Probleme unsere Verkäufer haben, er kennt die Antworten und koordiniert die Lösungen. Er hat mehr Personalverantwortung als alle anderen im Unternehmen.

1999: Ein junger Dresdner mit unbändigem Wissenshunger wurde unser erster BA-Student der Fachrichtung Holztechnologie. Nicht nur sein zuweilen wilder Haarwuchs ruft Assoziationen mit einem großen Physikgenie der Vergangenheit hervor, auch seine Kapazität für abstraktes Denken. Er verfügt über weitere Stärken: Auf einer langen Italienreise zu Beginn seines Studiums wunderte ich mich die ganze Zeit über seine Allgemeinbildung. „Wie kann so ein junger Mensch nur so viel wissen?", fragte ich mich. Die Antwort lautet: „Weil er Leidenschaft für Wissenszuwachs hat." So ist er heute unser „Professor", der viele Wood Tec Pedia-Artikel schreibt und allen im Unternehmen geduldig Auskunft gibt, die etwas über die Grundlagen, Zusammenhänge und Details des gesamten Spektrums der Holzbearbeitungstechnologie wissen wollen.

Wenn ich bedenke, dass ich bereits im vergangenen Jahrtausend solch eine geniale Truppe an fähigen Mitstreitern zusammenhatte, die mir über die ganze Zeit ihre Treue gehalten haben und heute alle noch voller Schaffenskraft dabei sind, erfüllt mich das mit Stolz – auf meine Mitarbeiter.

Kinder des wilden Wessis bei den Ossis

Natürlich war die Einarbeitungszeit dieser und anderer Mitarbeiter mühsam und kräftezehrend. Es war eine Zeit der Saat, des Ackerns, des Gießens – und nicht unbedingt eine Zeit der Ernte. Parallel zum mittlerweile sehr gehetzten Firmenalltag führte ich ein gehastetes Familienleben.

Nachdem im Umzugsjahr 1995 unsere erste Tochter Harmony geboren worden war, erblickte zwanzig Monate später im Sommer 1997 unsere zweite Tochter Loyalty das Licht des Kreißsaals. Mit meinen perfektionistischen Erziehungszielen war das Aufziehen dieser beiden keine Aufgabe, die sich im Handumdrehen lösen ließ.

Wir hatten natürlich keine Ahnung von Kindererziehung. Da ich inzwischen viele Bücher las, schmökerte ich auch in einem Erziehungsratgeber. Da wurde das AD(H)S-Syndrom bei Kindern beschrieben – ich hatte noch nie vorher etwas davon gehört und fand das richtig spannend. „Oh, davor musst du sie bewahren!", war mein erster Impuls. Als ich weiterlas, dachte ich mir dann später: „O weh, die Symptome beschreiben ja auf den Punkt genau meine eigene Natur!" Nun erinnerte ich mich, wie man mir schon in der Schulzeit den Spitznamen „Zappelphilipp" anhängen wollte, und mir wurde bewusst, dass Aktivismus, Abwechslung und Ablenkungen schon immer meine Welt waren.

Das Familienleben mit der Wohnung direkt über dem Unternehmen war ruhe- und rastlos. Als hyperaktiver Stresspapa hatte ich oft nur ein Ohr und ein Auge für unsere Töchter, keine volle Aufmerksamkeit. Meine Audiovision war immer geteilt zwischen Familie und Unternehmen. Als ich das erkannte, wollte ich schnell raus aus dem Gewerbehaus. Wir entschieden uns: Statt zu wohnen als Einlieger bei den Hasen, bauen wir lieber ein Eigenheim mit Rasen.

Wir gingen also ein Haus einkaufen. Dabei fragte ich mich: „Was tut man, wenn man ein Haus bauen will, dafür aber keine Zeit investieren möchte, weil man schon genug zu tun hat?" Wenn es um solche untergeordneten Lebensprioritäten geht wie diese, konnte und kann ich meinen Perfektionismus übrigens gut runterfahren auf ein sehr niederes Niveau. Wir bauten also mal schnell ein Haus im nahe gelegenen Neubaugebiet Klipphausen. Es musste natürlich ein Fertighaus sein. Das war im Nu geplant. Das erstbeste Standardhaus, was einigermaßen passte, wurde genommen und kleine Änderungen vorgenommen. Man lud uns zu einer Bemusterung in eine Fertighauszentrale ein. Ich hatte für die ganze Sache einen Tag und nicht mehr geplant. Am Ende wählten wir an diesem Tag die gesamte Innenausstattung von A bis Z aus und ich konnte an dieses Projekt einen Haken machen. Alles Weitere würde die Fertighausfirma managen. Meine Traumfrau überforderte ich damit allerdings nicht nur ein wenig, denn ihr Traumhaus hätte mehr Zeit und Muße für die Planung benötigt. Als wir 1998 einzogen, fielen uns dann einige Details auf, die wirklich dämlich geplant waren, aber damit gab ich mich schnell zufrieden. Was für mich zählte, war: Wir hatten dieses Projekt mit nur minimalem Zeitaufwand durchgezogen.

Ich war nun Teil des Stroms der Gestressten und rannte und raste durchs Leben, immer darauf bedacht, jede Sekunde Zeit herauszuschinden. Da ich vieles parallel erreichen wollte, aber mich noch nie gut auf mehrere Sachen gleichzeitig konzentrieren konnte, delegierte ich diverse Aufgaben an mein Unterbewusstsein (was man nicht zu ambitioniert machen sollte, wenn man sich vor Demenz im Alter schützen will) und meine Intuition, um mit der vereinten Kraft dieser Instanzen mehr erreichen zu können. Ich fuhr beispielsweise zum Tanken an eine Zapfsäule, nutzte die willkommene Fahrpause, um meine Konzentration in Tagträumereien versinken zu lassen, ließ mein Unterbewusstsein entscheiden, welchen Zapfhahn meine Hand betätigen sollte, und tankte aus Gewohnheit Diesel statt Benzin, obwohl ich ausnahmsweise in einem Benzinauto unterwegs war. Ich fuhr los – der Wagen schnurrte leise: „Brumm-brumm-brumm"; etwas später – der Wagen schnaufte lauter: „Bropp.....bropp..... bropp"; wieder etwas später – der Wagen schnaubte wie wild: „Blupp..........blupp..........blupp" – und danach streikte mein Gefährt mit einem Mal: „Rrrrr – Stopp!!!!" Das passierte mir in dieser Zeit nicht nur einmal, sondern dreimal.

Auch meine Handys lebten aufgrund meiner Schnelligkeit gefährlich und litten gewaltig unter meiner Schusseligkeit: Mindestens zweimal musste ich eines aus einer Toilette fischen und einmal aus einem Eimer mit blauer Farbe (...). Meine hektischen Bewegungen glichen einer CNC-Maschine, die mit Höchstgeschwindigkeit an ihre Aufgaben heranrast und im letzten Moment vor dem Ziel einen gekonnten Abbremsvorgang hinlegt. Nur gab es da den Unterschied, dass meine Bewegungen dabei nicht so elegant aussahen wie z. B. eine Homag, IMA, Holzher, Biesse oder SCM. Mein Leben führte ich immer auf der Überholspur. Sogar des Nachts gab ich Gas und fuhr auf Maximalspeed, wenn ich Kurs auf die Toilette nahm: Als ich im Halbschlaf mit meinen Zehen meine Hausschuhe vor dem Bett zu ertasten versuchte, führte ich zuerst einige

Sekunden mit meinen Füßen einen wilden Stakkato auf, bevor ich sie endlich entdeckte.

In ruhigeren Wassern mit dem Unternehmen
Werte erheben und Wachstum erleben

1997 zogen sich meine Eltern aus dem Unternehmen zurück: Das Stammhaus in Langen wurde zu einhundert Prozent an meinen Bruder abgetreten, die Niederlassung in Klipphausen an mich. Die Senioren Höchsmann bauten ihr Traumhaus in Haunetal, dem oberhessischen Ort, den sie ja schon von ihrer Kindheit kannten, und vererbten meinem Bruder das Anwesen in Langen. Mir wurden die Gebäude in Sachsen – natürlich samt Schulden und Hypotheken – übertragen. Ein entscheidender Moment meines beruflichen Werdegangs war gekommen: Mit fünfunddreißig war ich nun alleiniger Besitzer eines mittelständigen Unternehmens.

Ich sah voraus, dass ich nun durch die große Verantwortung versucht war, mehr für Firma und Kommerz als für Familie und Kinder zu leben. Das wollte ich nicht. Daher formulierte ich eine Resolution und nahm Gott als Zeugen dazu, dass ich es nicht zulassen wollte, das Unternehmen zu irgendeiner Zeit zu meinem Götzen werden zu lassen. Mit anderen Worten: Für mich verbot sich jede Befriedigung oder Begeisterung über den Unternehmenserfolg, die in meinem Unternehmerherzen eine Priorität oder Position einnehmen würde, die höhere Lebensziele auf niedrigere Ränge verdrängen würde.

Das Unternehmen war zum Zeitpunkt der Übertragung noch eine Baustelle – keine Goldgrube. Es war ganz einfach das Werk, welches ich in meinen fünf Gründerjahren geschaffen und zu verantworten hatte. Aber es hatte auch Potenzial. Mein wichtigstes Startkapital waren die jüngst eingestellten Mitarbeiter. Ein vielleicht nicht zu unterschätzender Erfolgsfaktor für unsere zukünftige Arbeit war auch mein persönlicher Werdegang. Ich blieb nicht, der ich war – ich veränderte und entwickelte mich.

Als technisch unerfahrene Truppe waren wir in unseren ersten fünf Jahren noch Grünschnäbel und kamen nicht so richtig auf einen blühenden Zweig. Hektisch tippelte mein Unternehmen in den Neunzigern auf der Stelle, mit dreißig Mitarbeitern in vier Geschäftsbereichen. Der Neumaschinenhandel und damit unser umsatzstärkstes Geschäft entwickelte sich mühsam. Als wir dann Ende der Neunzigerjahre den Zweite-Hand-Handel entdeckten, stellten wir schnell fest, dass in diesem Geschäft genau jene Gaben gefragt waren, die wir besaßen. Im Laufe der nächsten Jahre trennten wir uns sukzessive von den bisherigen Geschäftsfeldern Schärfdienst, Neumaschinen und Anlagenbau und setzten alles auf die Karte Gebrauchtmaschinenhandel. Durch diese Konzentration expandierte das Unternehmen bereits vor meinem späteren Umzug nach Bad Hersfeld und wurde ruhiger.

Die größte Plage meines Lebens – die lange Zeit der Minderwertigkeitsmanie – ebbte langsam ab. Ich erinnere mich noch an eine dafür bezeichnende Begebenheit auf einer Leipziger Holztechnikmesse, auf der wir als Unternehmen mit eigenem Messestand ausstellten. Aufbauend auf meinen Erfahrungen bei der Mädchenanmache, instruierte ich meine Mitarbeiter, proaktiv und produktiv vorbeigehende Personen anzusprechen. Bevorzugt sollte das Reklamegeschwader auf jene Messebesucher losschwirren, die so ausschauten, als steckte in ihrer beruflichen Position Kaufpotenzial für Holzbearbeitungsmaschinen. So bewaffnete ich sie mit Werbematerial, belehrte sie im Zitieren von Lockparolen und begleitete sie an die Gangpositionen, von wo aus wir unsere Attacken auf die ahnungslosen Messebesucher starteten.

Da erschien unerwartet hoher Besuch an unserem Stand. Der ranghöchste Vertriebsleiter des bedeutendsten europäischen Neu- und Gebrauchtmaschinenhändlers kam über den Gang stolziert und hielt es nicht für unter seiner Würde, ein Gespräch mit mir, dem kleinen unbedeutenden Regionalhändler, anzufangen. Es war schon ein denkbar ungleiches Zusammentreffen: Auf der einen Seite er: Verkäuferkoryphäe, Repräsentant der namhaftesten Herstellervertretungen, wertgeschätzt in der Welt der Holzmaschinen, gereift in seiner Persönlichkeit – auf der anderen Seite ich: Technikmuffel, Preisverkäufer, Kapitän einer unerfahrenen Mannschaft, Unternehmer ohne exklusive Herstellervertretungen, schlechter Ruf in der Branche und vor Kurzem noch geplagt von Selbstzweifeln und Minderwertigkeitskomplexen. Wir führten ein denkwürdiges Gespräch, wobei ich mich im Nachhinein über meine Freimütigkeit freute. Ihm juckten wohl die Finger danach, einmal ein flüchtiges Händeschütteln zu machen mit dem Mann, über den so viele Negativschlagzeilen auf dem Markt kursierten. Nach Shakehands, Small Talk und Austausch von Höflichkeiten konnte er es sich dann aber nicht verkneifen, meine berüchtigte Unternehmenspolitik ein wenig infrage zu stellen. Er sprach mich darauf an, dass mein Unternehmen doch einen sehr schweren Stand haben müsse, weil wir ja keinerlei namhafte Herstellervertretungen hatten. Wie recht er doch hatte! Da gab ich spontan und frisch-fröhlich-frei zurück: „Was die Vertretungen angeht, würde ich sofort mit Ihnen tauschen – allerdings, was die Dynamik angeht, nicht." Darauf entgegnete er bescheiden und besonnen und ein wenig nachdenklich: „Das mag schon sein."

Diese aus meinem grünen Schnabel ergangenen Worte, für die es zu jener Zeit kaum eine Grundlage gab, erwiesen sich in der Folge als weitblickend. Genau in diesem Jahr setzten wir als Newcomer und Gebrauchtmaschinenhändler richtungsweisende Marktimpulse. Unsere erste regelmäßig erscheinende Gebrauchtmaschinenliste mit Farbfotografien erschien 1998; im gleichen Jahr ging www.hoechsmann.com als eine der ersten Gebrauchtmaschinenplattformen für die Holzbearbeitung online. Wir kamen in den Jahren darauf viel schneller vorwärts als unsere alteingesessenen Wettbewerber, was sicherlich der Tatsache geschuldet war, dass wir ein junges, dynamisches und flexibles Team waren, das sich akribisch und autodidaktisch in die neuen Kommunikationstechnologien eingearbeitet hatte.

Kurz vor der Millenniumswende gab es in der Gesellschaft eine Hysterie wegen der Computersysteme. Weil etliche Rechner nur mit zweistelligen Jahreszahlen programmiert waren, rechnete man wegen der bevorstehenden Datumsumstellung in den vierstelligen Ziffernbereich mit Chaos und Kollaps. Es kursierten allerlei apokalyptische Szenarien von „Das weltweite Computersystem wird implodieren" bis hin zu „Die globale Marktwirtschaft wird kollabieren". Dem kritischen Vorausblick des hypersensiblen Familienoberhauptes folgend, deckte sich meine Familie mit Lebensmittelvorräten für einige Monate ein (…).

Derweil machte ich mir nicht nur Gedanken über die Nachhaltigkeit unserer Rechner, sondern auch unserer Unternehmenswerte. Im Mainstream gab es damals wie heute den Wertekonsens: „Kundenzufriedenheit ist das oberste Ziel." Das war mir zu kurz gegriffen, um nicht zu sagen: Das fand ich daneben. „Was macht man denn mit dem höchsten Ziel Kundenzufriedenheit, wenn ein Kunde nur dann zufrieden ist, wenn man ihm eine manipulierte Rechnung ausstellt oder wenn man ihm beim Betrug gegenüber einem Dritten Schützenhilfe leistet?", fragte ich mich. Da ich zum Thema werteorientiertes Miteinander außer meinem Klassiker, der meine Leselaufbahn eröffnete, keine inspirierende Leselektüre fand, machte ich mir selbst Gedanken dazu.

Ich lud meine zwei strategischen Leiter – die Herren Nachbar und Projektplaner (der das Unternehmen 2007 verließ) – zu einer Sitzung ein. Dabei stellte ich ihnen einen Zwölf-Punkte-Entwurf mit meinen Vorstellungen zu einer Unternehmensphilosophie vor. Gemeinsam verfeinerten und überarbeiteten wir das Konzept, bis wir Einigkeit über dieses Wertepapier hatten, das wir dann „Unternehmenskultur" nannten. Manch einer wunderte sich, warum wir unsere kostbare Zeit und innovative Energie in den Faktor Werte steckten. Ehrlichkeit, Fairness und dergleichen seien doch eine Selbstverständlichkeit, wurde mir entgegnet. Das sah ich anders. Ich erklärte bei einer Betriebsversammlung, dass ich einen entscheidenden Zusammenhang sah zwischen gelebten moralischen Werten und erlebtem wirtschaftlichem Wachstum. Den als Ausrede für unmoralisches Geschäftsgebaren gebrauchten Spruch „Der Ehrliche ist immer der Dumme" bezeichnete ich als unzutreffend und nicht nachhaltig. Als Kontrast dazu stellte ich unsere Unternehmenskultur unter der Überschrift vor: „Mit soliden Werten zu wirtschaftlicher Stabilität"[3]. Diese Überschrift klang damals ziemlich kühn, denn im Jahr 2000 war unser Erfolg noch jung und stand auf wackligen Füßen. In unserer Unternehmenskultur geht es um unsere Einstellung zu Geld und Gewinn: „Wirtschaftliche Stabilität" ist für ein Unternehmen wichtig, zweifelsohne. Aber wenn ein Unternehmen ohne „solide Werte" danach strebt – also ohne Moral, die den wirtschaftlichen Interessen übergeordnet ist –, dann wollte ich diese Firma nicht besitzen. In unserer Unternehmenskultur dokumentierten wir also, dass materieller Erfolg alleine unerwünscht ist, solange er nicht von Werten begleitet wird, die wir als wichtiger und solider und erhaltenswerter ansehen.

In unserer Unternehmenskultur werden zwölf Werte

3   Siehe www.hoechsmann.com/index.php?module=7&company=3.

mit jeweils drei Erklärungen ausbuchstabiert. Ein Beispiel: Ehrlichkeit wird unter anderem definiert als: „... ist treu gegenüber dem Gesetz und tritt aktiv gegen Unwahrheiten ein", „... erklärt mündlich und schriftlich nur, was der Wahrheit entspricht", „... bleibt bei der Wahrheit, auch wenn sie sich nachteilig auswirkt". Wir gaben jedem Mitarbeiter die Möglichkeit, eine freiwillige Selbstverpflichtung auf diese Leitlinie für das Verhalten im Unternehmen abzugeben, was die meisten auch taten. Seit dieser Zeit stellen wir uns auch vor Neueinstellungen die Frage, ob eine Person wertemäßig zu uns passt. Wenn wir den Eindruck haben, dass die Sicht eines Bewerbers zum Beispiel durch allzu viele Dollarscheine vernebelt ist, dann stellen wir diese Person nicht ein, auch wenn sie ansonsten passen würde.

Im Laufe der Jahre nahmen wir immer wieder Bezug auf unsere Unternehmenskultur, um sie möglichst in die Mitarbeiterschaft „einzumassieren". Das halte ich für nötig, denn: Wem wie mir eine Vertriebsmentalität innewohnt, dessen Werte können schnell vor lauter Vertriebsstreben in Vergessenheit geraten. Ich kann mich noch gut erinnern, dass ich von einer Sekretärin ermahnt wurde mit dem Einwand: „Das ist nicht gemäß unserer Unternehmenskultur", als wir gerade ein abenteuerliches Geschäft abwickeln wollten. Ich freute mich über die Zurechtweisung.

Ein anderes Mal kauften wir ein Maschinenpaket aus einer Betriebsauflösung. Alles musste sehr schnell gehen und die Verkäufer waren zwei dubiose Typen. Sie waren in Klipphausen und sprachen mit Nachbar und Deskjockey. Danach wurde mir berichtet: „Wenn man Betrüger wäre und etwas zu verbergen hätte, dann würde man sich genauso benehmen wie diese beiden Herren." Das Maschinenpaket und vor allem der Preis klangen aber so attraktiv, dass wir alle Warnsignale ignorierten und stattdessen auf gesetzeskonforme Vertragsgestaltung und sichere Übergabe der Ware und des Geldes setzten. Als wir einen Teil der Maschinen verladen hatten, übergaben wir einen größeren Geldbetrag und waren sicher, jetzt könne nichts mehr schiefgehen. Die Betrüger fuhren vom Hof und die Polizei fuhr auf den Hof und stoppte den Maschinenabtransport wegen ungeklärter Rechte Dritter. Die schriftliche Eigentumsbekundung der Verkäufer, die wir in der Hand hielten, war nun Makulatur. Wir machten als Unternehmen ein dickes Verlustgeschäft und hatten wochenlange Arbeit. Wir erkannten unsere Gier, die uns getrieben hatte, und bekannten sie öffentlich vor der ganzen Belegschaft, der wir durch unsere Untugend unnötige Arbeit bereitet hatten. Wir gelobten, nie wieder von Gier getrieben agieren zu wollen, weil unsere Unternehmenskultur unter den „soliden Werten" nicht „Raffsucht", sondern „Bescheidenheit" ausweist.

Im Tagesgeschäft – wenn es darauf ankommt – zeigt sich die Konsequenz und Priorität, die ein Unternehmen seinen Werten beimisst. Wir können nicht behaupten, dass bei uns moralisch alles glattliefe, aber wir bemühen uns um Werte. Wie oft haben wir auf lukrative Geschäfte verzichtet, einfach weil wir Nein sagten zu unlauteren Geschäftspraxen. Schwarzgeld lehnen wir prinzipiell ab; Provisionszahlungen an Neumaschinenverkäufer wegen

Einkaufsprojektvermittlung machen wir nur, wenn es der Chef bzw. das Unternehmen wissen darf. Heute, sechzehn Jahre nach Veröffentlichung unserer Unternehmenskultur im Jahr 2000, kann ich bezeugen: Meine damals ausgedrückte feste Überzeugung – dass eine konsequente Werteorientierung wirtschaftlichen Erfolg begünstigt – hat sich auf erstaunliche Weise bestätigt! Wenn ich den wesentlichen Grund für unseren heutigen Unternehmenserfolg anführen sollte, würde ich den Faktor W nennen. Das ehrliche Streben nach Werten führt nachhaltiger zum Erfolg als das exklusive Trachten nach Expansion. Die Veröffentlichung der Unternehmenskultur war für mich sozusagen das Wertevermächtnis an das Unternehmen, welches ich in Zukunft nur noch von außen wahrnehmen würde. Die Tatsache, dass meine Leiter und Mitarbeiter mit mir meine Werte teilten, gab mir den Freiraum, auch die Möglichkeit einer dauerhaften Abwesenheit vom Standort in Betracht zu ziehen.

BAD HERSFELD, 2002–2007

Vertrauen aufbauen und Visiten abbauen

Auch wenn ich im Jahr 2000 bei der Proklamation unserer Unternehmenskultur noch voll im Stress war, deutete sie bereits auf das Kommende hin: Im Sommer 2002 erfuhr ich meinen Ausstieg aus dem Strom der Gestressten, was durch den schon beschriebenen Familienumzug nach Bad Hersfeld besiegelt wurde. Die meisten Menschen ziehen notgedrungen um, weil sie näher an ihre Arbeitsstelle rücken müssen; ich zog bereitwillig um, weil ich weiter weg von meinem Unternehmen rücken wollte. Viele bringen große Opfer für das Erwerbsleben – ich brachte ein Opfer für das Privatleben. Dieser Umzug verdeutlichte meine Lebensprioritäten: Frieden und Familie waren mir wichtiger als Karriere und Betrieb. Ich lebte nun nicht mehr – wie zeitweise in Klipphausen – mit der Wohnung über der Firma, die das Privatleben vereinnahmte; sondern mit meinem Heimbüro bei der Familie, die dem Geschäftsleben vorangestellt war.

Als wir uns in Bad Hersfeld niederließen, war auch die Zeit gekommen, in der meine Traumfrau wieder schwanger werden wollte, was auch prompt geschah. Was die Anzahl der Kinder anging, waren wir beide uns nicht besonders einig. Sie wollte ursprünglich nur zwei – ich unbegrenzt viele, aber sagen wir mal zehn. Als Kompromiss aus zwei und zehn kamen dann drei Kinder heraus. Ich dachte mir am Anfang der Schwangerschaft: „Ich wünsche mir Zwillinge, dann haben wir wenigstens vier." Als dann bei der ersten Untersuchung beim Frauenarzt tatsächlich die Rede von „Das könnten Zwillinge werden!" war und Traumfrau einen Schreck bekam, nahm ich meinen Wunsch insgeheim zurück. Letztlich waren wir beide im Februar 2004 überglücklich über die Geburt eines Sohnes, unseres Stammhalters.

Als ich einem Bekannten nach unserem Umzug erzählte, dass ich nur noch sechsmal pro Jahr im Unternehmen sei, meinte er: „Du musst unbedingt mal unangemeldet aufkreuzen und kontrollieren, was die da ohne dich treiben." Ich verstand seine gut gemeinte Argumentation schon, aber er verkannte vollkommen die Situation. Das gegenseitige Vertrauen war und ist ja gerade unser Bonus, den wir nicht zur Disposition stellen wollten und wollen. Unsere Unternehmenskultur wirkt sich auf unsere Beziehungen aus und gibt mir eine Basis für mehr Entspannung bei der Arbeit. Ich muss nicht mehr alles kontrollieren; ich muss nicht mehr alles über meinen Tisch ziehen, ich muss nicht mehr überall das letzte Wort haben – seitdem ich losgelassen habe, entfalten meine Mitarbeiter ihr Potenzial und ihre Klasse viel dynamischer als vorher.

Zwei Jahre nachdem ich Klipphausen verlassen hatte, boomten unsere Gebrauchtmaschinen so sehr, dass wir uns im Jahr 2004 dazu entschieden, noch eine weitere Gebrauchtmaschinenhalle zu bauen, die heute zu unserer CNC-Halle geworden ist. Wir fragten uns, wer sich von uns um die Planung und die Kommunikation mit den Behörden und Gewerken kümmern würde. Für mich wäre das mangels Bauerfahrung eine totale Überforderung gewesen. Mein Betriebsleiter, unser Nachbar, hatte seinen Kopf voller Ideen und den Tisch voller Arbeit und signalisierte, dass er keinen sonderlichen Wert auf die Übernahme dieser Zusatzverantwortung legte. Da meldete sich Putzfrau mit ihren sechsundzwanzig Jahren, sie traue sich das zu, denn sie hätte schon einmal am Bau geholfen. Ich dachte mir: „Dann probieren wir's doch einfach mal aus", und siehe da, sie entwickelte sich zu einer ausgezeichneten Bauleiterin, die fortan unsere Bauprojekte souverän managen sollte.

Interessant war, dass ich in Bad Hersfeld so gut wie

gar nichts von dem Bau mitbekam. Ich führte mal ein Gespräch mit der Förderbank, unterschrieb ein paar Formulare, bekam einen Bauplan gezeigt – und das war's dann. Das ganze Projekt wurde sehr schnell durchgezogen. Ich war schon gespannt, wie die neue Halle aussehen würde, die Putzfrau da errichten ließ. Als ich meinen letzten Besuch vor der Sommerpause 2004 machte, war der Bautrupp noch bei den Bodenarbeiten und man sah nichts von der Halle; als ich dann circa drei Monate später meinen Herbstbesuch antrat, war die Halle schon so gut wie fertig und ich staunte, dass alles so gut geplant war und geklappt hatte. Diese Selbstständigkeit und Selbstverantwortlichkeit ist seit meinem Wegzug typisch für die Zusammenarbeit im Unternehmen. Wer sich als vertrauenswürdig und kompetent erweist, übernimmt Verantwortung für seine Aufgaben und erhält das Vertrauen der anderen. Vertrauen ist für uns nicht nur innerbetrieblich ein Schlüsselwort, wir brauchen es natürlich auch nach außen.

Viele kluge und erfolgreiche Geschäftsleute kaufen lieber etwas teurer, weil sie keine Komplikationen bei der Abwicklung haben wollen. Die Kooperation mit vertrauenswürdigen und integren Partnern ist Grundvoraussetzung für wenig Stress und viel Sicherheit bei Geschäftsabwicklungen. Wenn das für die Geschäftswelt im Allgemeinen gilt, dann umso mehr für unsere Gebrauchtwarenbranche. In der Kfz-Sparte haben Gebrauchtwagenhändler oft einen schlechten Ruf. Man sagt ihnen zuweilen nach, beim Einkaufen redeten sie schlecht und beim Verkaufen färbten sie schön. Wie dem auch sei: Schon in der Antike waren solche Geschäftspraxen üblich: „Schlecht, schlecht!, sagt der Käufer; und wenn er weggeht, dann rühmt er sich", steht in den Weisheitssprüchen Salomos (Sprüche 20,14; EL). So ist auch der Handel von gebrauchten Holzbearbeitungsmaschinen Vertrauenssache. Wenn ein Geschäft auf der Basis von gegenseitigem Vertrauen abläuft, dann vermeidet dies Zusatzaufwand und Zeitverschwendung. Wenn ich bei unseren Bauprojekten kein Vertrauen in die Integrität und Kompetenz von Putzfrau gehabt hätte, dann hätte ich viel mehr selbst recherchieren und analysieren müssen, was mühsam und zeitaufwendig gewesen wäre.

Wir arbeiten mit sehr vielen Marktakteuren zusammen und da gibt es große Unterschiede bei der Integrität. Ja, wenn beim Gebrauchtgeschäft immer das drin wäre, was draufsteht, dann könnte man sich eine Menge Zeit und Ärger sparen. Dem ist aber nicht so. Oft redet man nach außen hin leidenschaftlich von „ehrlich", ist aber von innen her lediglich begehrlich.

Beziehungen etablieren und Besprechungen reduzieren

Während ich als Twen durch Zeiten der Unsicherheit schritt und an meiner Depression litt, kannte ich beides: Angst vor Einsamkeit *und* Furcht vor Gemeinschaft – welch ein tragischer und stresstreibender Seelenzustand! Das hat sich spätestens seit der Zeit in Bad Hersfeld umgekehrt: Ab diesem Lebensabschnitt war und bin ich sehr gerne alleine und auch sehr gerne in Gesellschaft – welch eine befriedende und genugtuende Gemütslage. Wenn man Alleinsein und Gesellschaft entspannt genießen kann, hat das seine Vorteile. Man kann nun frei wählen, was wirklich in der entsprechenden Situation am besten ist. Nachbar und ich legen im Unternehmen viel Wert auf Gemeinschaft, aber bevorzugen oft die Einsamkeit – aus Pragmatismus. Wie harmoniert das mit unserem im Jahre 2005 proklamierten Unternehmensleitbild „Miteinander ankommen"[4]? Wir meinten und meinen mit diesem Leitbild nicht ein ständiges „Miteinander-beschäftigt-Sein". Wir meinen damit, wir wollen als Unternehmen mit unseren Kollegen zusammenbleiben, bis dass der Ruhestand uns scheidet, sofern die Voraussetzungen dazu gegeben bleiben.

Unser Ideal ist eine geringe Quantität an Besprechungen, aber eine hohe Qualität an Beziehungen. Das ist möglich und funktioniert gut und ist effizient. Wir haben uns in Klipphausen angewöhnt, die anfallenden Aufgaben anzupacken und abzuarbeiten und nicht zu zerlegen oder zu zerreden. So halten wir nur sehr wenige regelmäßige Besprechungen ab und halten uns von dem Virus der „Besprecheritis" fern. Es ist schon fast erschreckend, wie selten wir zusammenkommen, und umso erstaunlicher, wie gut wir zusammenarbeiten. Seit dem Umzug nach Bad Hersfeld rede ich ausgiebig bei meinen turnusmäßigen Besuchen mit meinen leitenden Mitarbeitern. Dazwischen haben wir fast keinen Kontakt (…). Natürlich gibt es ab und zu E-Mails zu neuen Entwicklungen und Projekten;

4   Siehe www.hoechsmann.com/index.php?module=7&company=2.

aber es gibt so gut wie keine Telefongespräche (in manchen Monaten telefonieren Nachbar und ich kein einziges Mal). Ich hätte vor meinem Wegzug nie gedacht, dass man als Unternehmensleitung so gut miteinander kooperieren und so wenig miteinander kommunizieren kann. In den Intervallen zwischen meinen Besuchen schalten wir einfach acht Wochen auf Sendepause und tauchen ab in den Modus „Kommunikation nur, wenn es ganz wichtig ist". Ich finde das toll und zeitsparend! Wir hatten das nie so geplant, aber es hat sich entwickelt, weil wir es anscheinend alle für das Praktischste halten.

Natürlich mutet es etwas merkwürdig an, wenn ein Unternehmen stolz auf seine geringe Kommunikationsfrequenz ist, denn Kommunikation ist eine der entscheidendsten Säulen für den Unternehmenserfolg. Aber so ist das auch nicht gemeint. Natürlich brauchen wir reichlich Kommunikation in Bezug auf das Wesentliche: Beziehungspflege, Personalentwicklung, Strategieplanungen, Privatkontakte usw. Aber wenn wir auf unnötige, ja kontraproduktive Kommunikation – zum Beispiel Missverständnisse, Machtgefechte, Selbstgefälligkeiten, Seelsorgeeinheiten – verzichten, dann ist das ein schöner Effizienzgewinn.

Ein Beispiel von Niedrigfrequenzkommunikation im Unternehmen ist unser Italicner Machinegun. Er ist heute unser Nachzügler im Leiterkreis; denn während alle anderen Leiter bereits fünfzehn bis zwanzig Jahre im Unternehmen sind, stieß er erst 2007 zu uns. Er ist unser zweiter Vertriebsleiter und unsere erste Vertriebswaffe. Durch seinen unbändigen Vorwärtsdrang und seine unbeirrbare Vertriebsnatur versetzt er das Unternehmen samt Belegschaft unter ständiges Dauerfeuer. Wo auch immer er anfängt zu wirbeln, blühen neue Kontakte auf und es entsteht viel Arbeit. Täglich feuert er Dutzende Angebotssalven aus seinem Magazin ab, von denen erstaunlich viele als Aufträge wieder auf das Unternehmen herabregnen, sodass Anti-Stress-Bewusste auch mal nichts dagegen einzuwenden haben, wenn er in seinem Heimatland Italien Urlaub macht. Aus seinem Gewehrlauf kommen auf Knopfdruck fünf verschiedene Sprachen geschossen. Machinegun und ich passen von der Mentalität her gut zusammen, denn tief in mir steckt(e) ja auch ein kleines Schnellfeuergewehr. In seiner Einarbeitungszeit reisten wir beide viel miteinander und freuten uns daran, dass wir jeweils im anderen ein Spiegelbild der eigenen Leidenschaft für das Lernen sahen. Mein Motto „Lerning by Doing" wurde durch seine Devise „Learning by Looking" ergänzt.

Ich erinnere mich noch an seine Bewerbung. Bevor ich entschied, ob ich mir Zeit für ein persönliches Gespräch mit ihm nehmen wollte, hatte ich ihm einen selbst formulierten Fragenkatalog mit neun – teilweise ins Philosophische abdriftenden – Fragen geschickt, um Informationen über seinen Charakter und seine Werte zu bekommen. Als seine Antworten kamen, dachte ich: „Klingt ja total schräg, total interessant, aber auch total anstrengend." Besonders bei der Antwort auf die Frage „Was sind Ihre Visionen für die Zukunft?" tobte er sich so richtig aus. Ich kann mich nicht mehr genau an seine Antworten erinnern, aber sie kamen mir so vor wie ein Ideenhagel aus einer Schrotflinte, in etwa: „… und dann will ich in die weite Welt und dann will ich in die Politik und dann will ich die Welt verändern und dann geht alles erst richtig los." Ich dachte mir: „Der Mann hat Visionen, so etwas brauchen wir"; aber auch: „So jemand rennt womöglich schnell wieder weg."

Schon kurz nachdem er sich auf den neuen Job eingeschossen hatte, ballerte er fröhlich drauflos und bescherte uns auf den romanischsprachigen Märkten signifikante Geländegewinne. Es bestätigte sich schnell, dass wir in ihm eine inspirierte Ideenfabrik mit eigenwilligem Entdeckerdrang gefunden hatten.

Dann heiratete er Frau Machinegun. Sie arbeitet mittlerweile auch für uns und ist von der Temperamentstemperatur vermutlich noch um eine Kategorie heißblütiger als er. Sie kommt aus einem Land, dessen Norden genauso heiß ist wie ihr Blut und das so heißt wie ihr Hund: Peru. Sie wollte mit ihrem Mann die Welt entdecken. Eines Tages im Jahr 2010 meinte Machinegun: „Wir ziehen mal um nach Mailand." Einige Monate später: „Wir ziehen um nach Paris." Wieder einige Monate später: „Wir ziehen nach Zürich." Ein halbes Jahr später: „Jetzt nach China." Eineinhalb Jahre später: „Nach Lima – in Peru." Unsere Prüferin und Chefin des Personalwesens fand das gar nicht lustig. Nach etwa drei Jahren Office als Weltenbummler kamen die beiden 2013 zurück nach Deutschland. Mir fiel erst dann auf, dass wir uns seit mehr als zweieinhalb Jahren nicht mehr gesehen hatten, und doch hatten wir jeden Tag eng, vertrauensvoll und erfolgreich zusammengearbeitet. Die ganze Zeit lang war Machingun frei wie ein Vogel, teilte sich seine Arbeit ein, wie es ihm wohl gerade passte, und arbeitete online mit dem Unternehmen verbunden in seinem Job. Ich hatte keine Ahnung davon, was er gerade tat, und kümmerte mich wochenlang nicht um ihn, aber er machte sein und unser Ding. Bevor er aus Dresden wegzog, war er unser umsatzträchtigster Verkäufer, und als er wiederkam, hatte er in der ganzen Zeit seine Umsätze sensationell gesteigert. Ich freue mich sehr über die Entwicklung von Machinegun. Heute ist unser Italiener übrigens auf dem Weg, die Beständigkeit in Person zu werden, wohnt wieder in Dresden und kocht regelmäßig für die Vertriebsmannschaft Spaghetti.

Die zweieinhalb Jahre ohne persönlichen Kontakt zu Machinegun sind charakteristisch für die hohe Beziehungsqualität und die niedrige Kontaktfrequenz im Unternehmen. Es sind aber nicht nur die internen Besprechungen, die wir reduziert haben, es sind besonders auch die externen, die ich wegrationalisiert habe. Wenn es um das Zusammentreffen mit Bankern, Steuerberatern oder sonstigen Ratgebern geht, dann gehe ich als Geschäftsführer fröhlich auf einem sehr einsamen Weg – ich spare mir das alles, und zwar komplett. Meine Eltern meinten: „Du musst unbedingt eine gute Beziehung zu den Banken aufbauen." In den ersten Jahren beherzigte ich diesen Ratschlag halbherzig. „Was soll ich schon mit einem Banker reden?", fragte ich mich gelangweilt. Heute bin ich da konsequenter. Seit circa acht Jahren hatte ich kein einziges Bankgespräch mehr. Wenn ich mich recht entsinne, hatte ich auch bei unserem letzten Baukredit kein lästiges Bankgespräch, sondern nur ein kurzes Telefonat. Ich weiß nicht, wer momentan unser Bankberater ist und was er von uns denkt. Aber ich kann mir eigentlich nicht vorstellen, dass er anders denkt als: „Wenn bloß alle Kunden so wären!" Genauso zeitsparend verfahre ich mit Steuerberatergesprächen, Weiterbildungen und Schulungen – ich spare sie mir alle. Immerhin spart mir das eine Menge Zeit.

Wenn man bedenkt, dass ich Zeit meines Lebens nirgendwo anders gearbeitet habe als im eigenen Betrieb, wenn man betrachtet, dass ich mich im letzten Jahrzehnt regelrecht abgeschottet habe von Beratergesprächen aller Art, dann erinnert das unweigerlich an das Sprichwort: „Der hat zu viel im eigenen Saft geschmort", und man könnte hinzufügen: „Sein Blick ist schmal, er kennt nur einen Ort." Das Argument ist richtig und ich habe nichts dagegen einzuwenden. Dennoch: Wenn ich heute noch einmal die Wahl hätte, würde ich es genauso machen. Die ganze eingesparte Zeit und der geringe Stresslevel sind mir mehr wert als alle Dinge, die ich zusätzlich hätte entwickeln können, wäre ich ambitionierter vorangegangen und hätte ich mich öfters in die Nähe von inspirierenden Personen begeben.

Die positive Unternehmensentwicklung und mein entspannter Job nach meinem Wegzug aus Klipphausen sind nicht nur meinem Vertrauen und Zutrauen in die Mitarbeiter geschuldet, sondern vor allem auch ihrer Kompetenz und Einsatzfreudigkeit zu verdanken. Ein großes Lob an sie! Viele von ihnen arbeiten, als sei das Unternehmen ihre eigene Firma, sie führen und managen ihre Abteilungen wie selbstständige Unternehmer. Es ist erstaunlich, wie wenig ich mitbekomme von Problemen und Projekten. Man hält mir ständig den Rücken frei und informiert mich nur im äußersten Notfall. Anfang 2015 kam ich nach Klipphausen und sah, dass im Eingangsbereich gerade eine Baufirma Umbaumaßnahmen durchführte und einen zusätzlichen Besprechungsraum gestaltete. Mich hatte niemand gefragt, ob ich das Geld investieren wollte, und das finde ich prima und entspannend! Wir haben eine Sekretärin, die in den ersten rund zehn Jahren ihrer Beschäftigung keinen einzigen Arbeitstag wegen Krankheit versäumt hatte, die dann aber wegen eines Eingriffs für einige Tage ins Krankenhaus musste. Als ich merkte, wie sie sich darüber ärgerte, ihren Nicht-krank-gewesen-zu-sein-Rekord zu brechen, freute ich mich über ihre Treue.

Über das tückische Wehr der Bewährung

BAD HERSFELD, 2007–2009

Der digitale Mensch – die analoge Demenz

Wäre diese Autobiografie ein Märchen mit Happy End, dann hätte die Storyline ab dem Ausbruch aus dem Strom der Gestressten nur noch eine Richtung, nämlich: „Und hinfort litt er nie wieder unter Stress und lebte mit seiner Seele in Einklang bis an das Ende seiner Tage." Da sich meine Lebensgeschichte allerdings in der Realität abspielt, habe ich anderes zu berichten. Nach meinem Wegzug aus Sachsen gab es nicht immer nur Frieden, weder im Unternehmen noch im Unternehmer. Die Neigung zum Stressmacher war und ist immer noch Teil meiner Natur, auch wenn ich heute kaum noch darunter leide. Das Ermutigende ist: Seit der Ankunft in Bad Hersfeld werden die Stressstrukturen meiner Seele langsam aufgespürt und schrittweise eliminiert. Das ist ein manchmal trauriger, aber meist doch sehr erbaulicher Prozess. Das Ernüchternde ist: Wer so viel hastete wie ich, der hat seine Stressmentalität so tief in seine Persönlichkeit eingegraben, dass er mit den Spätfolgen seiner Unruhe noch den Rest seines Lebens zu kämpfen haben dürfte. Die Verhaltensmuster, die ich mir unter Dauerstress angewöhnte, verfolgten und verfolgen mich auch noch in Zeiten der totalen Entspannung.

Da ich ziemlich oft reise und sehr oft Dinge vergesse, habe ich eine zweite Garnitur Schuhe, Unterwäsche, Schwimmsachen, Toilettenartikel etc. in meinem Pkw deponiert. Ich habe tatsächlich einmal meine Schuhe an einer Tankstelle vergessen: Bei Maribor parkte ich an einer Autobahnraststätte und befreite endlich meine pilz- und miefgeplagten Schweißtreter von der beim Fahren mir nur hinderlichen Schuhhülle und lüftete sie bei offener Autotür an der frischen slowenischen Sommerluft auf dem Asphalt. Danach fuhr ich ohne Schuhe Richtung Ljubljana zu Kunden, die Schuhe blieben stehen und wurden nicht mehr gesehen und nie wieder gefunden. Einmal bemerkte ich Schussel mitten in einem Kundengespräch beim Nachunten-Schauen, dass ich zwei völlig verschiedene Halbschuhe trug, einen braunen und einen schwarzen, in die ich in der morgendlichen Gedankenlosigkeit sozusagen mit dem mentalen Autopilot im Dunkeln geschlüpft war. Mein Selbstbewusstsein in diesem Verkaufsgespräch war dahin.

Nach einer Skandinavien-Reise musste Traumfrau gleich zwei Vermisstmeldungen für ihren Gatten bearbeiten: Sie stellte einen Suchantrag wegen meines Kulturbeutels bei der Fährgesellschaft und eine Nachsendeanfrage wegen meiner Aktentasche bei Homag Danmark. Früher war ich nicht so regelmäßig in Österreich unterwegs wie heute. Damit ich bei unnötigen Vignettenkäufen keine Zeit verlor, kaufte ich mir immer Jahresvignetten, auch wenn ich vielleicht mit mehreren 10-Tages-Vignetten billiger gekommen wäre. Ich weiß ja, Zeit ist Geld. 2014 habe ich es dann aber total übertrieben: Ich kaufte auf zwei unterschiedlichen Reisen zwei Jahresvignetten und klebte die zuletzt gekaufte in meiner geistigen Umnachtung neben die bereits bei der letzten Reise gekaufte Vignette an meine Windschutzscheibe. Als ich meinen Patzer dann einige Monate später bemerkte, fragte ich mich: „Bist du denn total bedeppert?"

Unzählige Male vergaß ich meine Jacke oder Ledermappe mit Notizbuch bei Kundenbesuchen und musste sie mir von Geschäftspartnern hinterherschicken lassen. Später habe ich mir angewöhnt, nur noch ein kleines DIN-A6-Kladdenheftchen zu Kunden mitzunehmen, welches in die hintere Gesäßtasche meiner Jeans passt. Das habe ich bisher, glaube ich, erst ein Mal vergessen. Vielleicht sollte ich es in Zukunft anketten wie eine Taschenuhr. Wenn man vergesslicher wird, seine Vergesslichkeit aber noch überlisten kann, mag das vielleicht noch verkraftbar sein. Wenn die Vergesslichkeit sich dann aber in Richtung Demenz zu entwickeln scheint, wird es höchste Eisenbahn für eine Wurzelbehandlung – eine Konfrontation mit den schlechten Gewohnheiten, die dazu geführt haben.

In meinem fünfundvierzigsten Lebensjahr war es bei mir so weit: Der alle Zukunftsoptionen akribisch durchkalkulierende Hypochonder in mir fragte sich, ob meine exponentiell zunehmende Vergesslichkeit und Gedankenlosigkeit nicht der Anfang einer Demenz sein könnten. Ein Zerfallsprozess meiner Gedächtniskapazität machte sich breit. Jahrelang fest in meinen Hirnrinden verankerte Informationen lösten sich plötzlich erdrutschmäßig und versanken im Niemandsland und sind seither vergessen und verschollen. Mir war bei dieser Erkenntnis nicht zum Lachen zumute, aber mir wurde schnell bewusst, womit der Absturz meiner Gedächtniskapazität zusammenhing. Schuld war vor allem mein Prokurist Nachbar, weil er mir und dem Unternehmen einen Gefallen getan hatte, in bester Absicht. Nach seinem Masterplan strickten wir unsere EDV völlig um, sodass wir ab 2007 ein absolut geniales ERP-System verfügbar hatten, welches kaum Wünsche offenließ und alle erdenklichen Marktinformationen in Bruchteilen von Sekunden abrufbar darstellen konnte. Unsere EDV war damit so weit, dass man sich eigentlich nichts mehr merken musste. Das ermunterte mich unterbewusst dazu, keinen Zusatzaufwand mehr für das biologische Abspeichern von elektronisch blitzschnell auffindbaren Informationen zu verschwenden. So trainierte ich mein Unterbewusstsein in der Disziplin Vergesslichkeit.

Für mich ist unstrittig: Es gibt einen unmittelbaren Zusammenhang zwischen dem Aufbau unseres EDV-Systems und dem Abbau meiner Erinnerungsstruktur. Ich musste diverse Angewohnheiten in Bezug auf meine Arbeit am Computer überdenken und umlenken, damit mein ansonsten gutes Gedächtnis mir auch weiterhin noch gute Dienste leisten konnte.

Männer können sich ja angeblich nicht besonders gut auf mehrere Dinge gleichzeitig konzentrieren. Ich bin ein typischer Mann. Dagegen gelingt es mir ausgezeichnet, mich auf einen Punkt – am besten auf ein Ziel, auf ein mir Profit versprechendes und für die Praxis relevantes Ziel – zu konzentrieren. Habe ich dann so ein Ziel vor Augen, blicke ich nicht mehr nach rechts oder links, sondern mit meinem ganzen Wettkampfnaturell stur geradeaus. Dabei merke ich mit zunehmendem Alter, dass meine gröbsten Konzentrationsprobleme immer dann auftreten, wenn ich mich ungeduldig einem Ziel nähere, alle Konzentrationspower aus der Peripherie abziehe und auf das Ziel bündle. In solchen Momenten unterlaufen mir in der Peripherie die dümmsten Fehler.

Wenn ich auf Reisen nach einem Arbeitstag am Hotel oder der Langlaufloipe oder dem Badesee ankomme, dann ist Vorsicht geboten. Dann will ich nur noch die Arbeit hinter mir lassen und die Freizeit vor mir erfassen. In diesen Momenten bin ich dann auch nicht selten bei eingehenden Anrufen von Geschäftspartnern extra kurz angebunden. Und habe meine Probleme damit, banale Aufgaben wie das Abschließen meines Autos zu erledigen. So passierte es mir viermal oder so (das letzte Mal im November 2015), dass ich morgens nach dem Auschecken auf dem Hotelparkplatz entdecken musste, dass die hintere Seitentür meines Autos die ganze Nacht über sperrangelweit offen gestanden hatte. Eines Morgens nach einer Schneesturmnacht im Thüringer Wald bemerkte ich, dass mir dasselbe wieder passiert war – vermutlich, weil ich abends fluchtartig das Fahrzeug verlassen hatte, um mir nicht durch die Berührung mit Schneeflocken eine Erkältung einzufangen. Da der Wind genau aus der falschen Richtung wehte, hatte ich am nächsten Tag 20 Zentimeter Neuschnee auf der Rücksitzbank.

Normalerweise ziehen solche unüberlegten Handlungsgewohnheiten oft unkoordinierte Sprachgewohnheiten nach sich. Vor einigen Jahren fiel mir auf, dass mir immer häufiger Sprachfehler unterliefen, die mir erst dann bewusst wurden, wenn mich ein Gesprächspartner darauf aufmerksam machte. Die Degeneration meines Denk- und Sprachvermögens hat, glaube ich, nicht nur mit meinen ehemaligen Stressgewohnheiten und mit dem fortschreitenden Alter zu tun. Was mich und uns alle massiv prägt und belastet, ist natürlich auch unsere Gesellschaft, die zunehmend unter digitaler Demenz leidet. Die Elektronik nimmt unserem Hirn heute viel Denkarbeit ab und versetzt es in einen konzentrationsschonenden Energiesparmodus, bei dem unser Gedankenprozessor die Annehmlichkeiten der Apathie genießen und sich die Mühe des Merkens einsparen darf. Seit über zwanzig Jahren nutze ich die Rechtschreibkorrektur meines Rechners. Das ist Segen und Fluch gleichermaßen. Es klingt entspannend, wenn man relativ fehlerfrei schreiben kann, ohne sich dabei voll konzentrieren zu müssen; es ist aber auch bedenklich, wenn man dabei schneller schreibt, als man denkt, und viele Fehler tippt – und es ist ärgerlich und ineffizient, wenn man dann vielleicht ein Drittel seiner Schreibzeit damit verbringt, mit der Korrekturtaste Buchstaben, Wörter und Sätze zu berichtigen. Ich bin fest davon überzeugt: Als Folge davon trainiert man sich darin, auch unkonzentrierter und gedankenloser zu sprechen.

Den Vorwärtsdrang dämpfen – um Zurückhaltung kämpfen

Mit fünfundvierzig Jahren lagen die großen Schlachten gegen die Gier längst hinter mir: Aggressionen beim Autofahren, Intrigen gegen Kontrahenten oder Geschichten mit Frauen waren kein Thema mehr. Ich musste mich nun mit den subtileren Spätfolgen meiner gierigen Stressnatur auseinandersetzen, die man mir in meiner Jugend antrainiert und die ich bereitwillig aufgenommen hatte. Nichtsdestotrotz erlebte ich die Bad Hersfelder Zeit – wie schon berichtet – als eine Zeit der Freude und des Friedens. Weil Gottes Gnade genug für mich war, benötigte ich keine Veränderung stante pede, um zufrieden zu sein. Es reichte schon aus, dass ich allmähliche Veränderung wahrnehmen konnte – denn für meine Natur macht es einen großen Unterschied, ob ich zum Beispiel im Stau stehe oder mich auf mein Ziel zubewege.

In dieser Zeit entwickelte ich weiter, was ich schon

vor der Ehe angefangen hatte: einen Lebensstil der Zurückhaltung gegen meine Mentalität der Gier mit seinen
Stressfolgen für mein Leben. Verzicht oder Zurückhaltung sind heute in unserer Gesellschaft genauso gering
geschätzt wie in der Geschäftswelt. Man stelle sich einen
Konzern vor, der mit der Werbekampagne „Bitte halten
Sie sich beim Einkaufen zurück" an den Markt ginge. Un-
denkbar! Aber nur weil es heute einen Strom gibt, der
den Menschen einredet, sie müssten in ihrer Gier alles an
sich reißen und dafür ihr Geld und ihre Ruhe aufgeben,
bedeutet das für mich nicht, dass ich mich von diesem in
seine Konsum-und-Stress-Schablone pressen lasse.

Negativer Stress entsteht in mir, wo ich zu ambitioniert nach vorne strebe und höher hinaus oder schneller
ans Ziel will, als vernünftig für mich ist. Überstürzung
manövriert mich in negativen Stress – Zurückhaltung
navigiert mich zu Ruhe und Besonnenheit. Gleichzeitig
sich nach vorne zu orientieren und zurückzuhalten klingt
irgendwie nach Beschleunigen mit angezogener Hand-
bremse. Aber es geht mir hier nicht um eine Zurückhaltung, die das Ziel hindert, sondern um eine, die zum Ziel
hinführt. Die ständig aktive Bremse der Zurückhaltung
reibt nicht etwa unnötigerweise Bremsbeläge ab, sondern
unterstützt das ganze System wie die empfindsame Mo-
torbremse eines Elektroautos, die den Fahrzeugkurs über
das Gaspedal kontrolliert und zur Energierückgewin-
nung dient. Die Bremse der Zurückhaltung zu betätigen
bedeutet für mich, unterwegs Unheil zu vermeiden – in
Form von Stress oder Streit oder Fehlern. Es ist möglich,
den übersteigerten Vorwärtsdrang meiner Persönlichkeit

durch eine ihr übergeordnete Zurückhaltung zu zügeln. Das bedeutet für mich Harmonie und fördert das Vorankommen zu meinen Zielen.

Meine ambivalente Natur entspricht manchmal – wenn die von mir geschätzte Zurückhaltung am Steuer ist – einem potenziell rasanten Ferrari, der ganz gemütlich dahinfährt und von einem entspannten Wohnmobilfahrer gelenkt wird. Aber manchmal – wenn die von mir verachtete Stressmentalität wieder mal durchkommt – entspricht meine Natur eher einem potenziell gemütlichen Wohnmobil, das wie wild von einem rasanten Ferrari-Fahrer durch die Straßen gejagt wird.

Ich musste auch das Bremsen gegenüber jenen anderen Trieben lernen, deren ungezügelter Vorwärtsdrang meinen Lebenskurs wild herumkommandierte. Da waren zum Beispiel meine Essgewohnheiten. Ich fing an, mich mit meinem Nahrungstrieb zu konfrontieren, mich nicht mehr in Gier zu verlieren und meine Fresssucht zu disziplinieren – nicht immer mit Erfolg, aber immer öfter. Auch wandte ich mich entschiedener gegen übertriebenen Luxus und Status und wollte diesbezüglich konsequenter gemäß meiner Grundeinstellung leben. Für solche Übungen der Selbstbeherrschung gab mir mein geliebter Job als Außendienstler einige Gelegenheiten.

Neben den diversen Fahrzeugtypen, die mein Temperament beschreiben, brauchte und brauche ich für meine häufigen Geschäftsreisen natürlich auch ein Auto in der realen Welt. Eigentlich gelüstete es mich, mein Leben lang bescheidene Vernunftautos zu fahren und damit eine kleine Gegen-den-Strom-Abgrenzung zu den ansonsten in den Garagen des Höchsmann-Clans zu findenden Nobelmarken zu setzen. Aber mein letztes Vernunftauto zwang mich dermaßen oft zu unerwünschten Boxenstopps, dass mir irgendwann der Geduldsfaden riss und ich zur Vernunft kam: 2007 besorgte ich mir dann meinen legendären Silberpfeil aus dem Hause Daimler. Das Fahrzeug lief richtig gut, sah mir nur zu luxuriös aus. „So ein schickes Auto wird in manchen Ländern leicht geklaut", sagte der „Kripochonder" in mir; und außerdem wollte ich in der Wohnsiedlung und Geschäftswelt lieber zu wenig als zu viel Status zeigen.

Doch das Unbehagen über den teuren Wagen lag mir nicht lange im Magen, denn von der schmucken Optik meines Silberpfeils war schon bald nicht mehr viel übrig: Bei der ersten Kollision an der rechten Türe entschied ich mich, die Beule einfach drinzulassen, weil das einzige Argument – „Was sollen denn die Leute denken, etwa, ich könnte mir die Reparatur nicht leisten?" – ein schlechtes war. Etwas später gab es dann den nächsten kräftigen „Bums!", als mir in Südtirol ein selbstständiger Tischler ins Daimlerheck raste, dem ich als Dankeschön gleich eine Werbebroschüre in die Hand drückte. Das Auto gehörte nach den Wünschen der Werkstatt als wirtschaftlicher Totalschaden aus dem Verkehr gezogen. Ich verzichtete auf diesen Service, denn nun hatte ich endlich mein Traumauto: Unter der Haube Performance und Power und wegen der Beulen kein Dieb auf der Lauer. Na ja, als Gebrauchtmaschinenhändler muss es ja auch nicht so ein besonders repräsentatives Auto sein; die Stärken in unserer Sparte liegen auf anderem Gebiet. Diesbezüglich bemerkte ich einmal etwas spaßig, aber nicht ohne Realitätsbezug gegenüber einem Kollegen, als wir in Belgien gerade auf den Hof eines Möbelherstellers fuhren: „Von allen Außendienstlern, die bei der Möbelindustrie vorfahren, sind wir vermutlich diejenigen, die das schäbigste Auto haben, die dreckigsten Klamotten tragen und die höchsten Margen einfahren."

Ende des ersten Jahrzehnts des neuen Jahrtausends beschränkte sich meine Außendiensttätigkeit auf Händlerreisen ins westeuropäische Ausland. Ich zog von einem Händler und Land zum anderen und durchstöberte die Lagerhallen, bis ich solche Maschinen entdeckte, die für uns leicht verkäuflich, aber für den Händler schwer an den Mann zu bringen waren. Die kaufte ich dann. In dieser Zeit – es war übrigens die vierte Reisewelle meines Lebens – war ich sehr effizient und erreichte bei minimalem Zeitinvestment maximale Einkaufsumsätze. Viele der attraktivsten zum Verkauf stehenden Maschinen an den Lagern der großen Maschinenhändler von Finnland bis Portugal kannte ich wie meine Westentasche. Der Überblick über den Markt, den ich mir in diesem Jahrzehnt durch meine Reisetätigkeit verschaffte, war ein Grundstein für den Unternehmenserfolg und den perspektivischen Blick, mit dem wir in der Folgezeit auf das Marktgeschehen blicken konnten.

Ich habe wahrscheinlich nicht nur mehr internationale Händler und industrielle Endkunden von innen gesehen als die meisten in der Branche, sondern auch mehr Hotels. Auf meinen Reisen schlafe ich nicht sehr oft zweimal im selben Haus. Meistens buche ich meine Hotels spontan am Abend. Dabei habe ich keine einheitliche Auswahlstrategie. Wenn ich Zeit und Muße habe, suche ich mir Hotels an den lieblichsten landschaftlichen Lokationen aus und achte nicht so sehr auf das Geld. Nicht selten übernachte ich aber auch in sehr einfachen und preiswerten Unterkünften, um für das Unternehmen Kosten zu sparen. Und wenn ich keine Zeit habe, nehme ich einfach das Erstbeste; egal, was kommt. Wie es sich für jemanden gehört, der ein Buch mit dem Titel „Gegen den Strom" schreibt, habe ich auch bei Hotels einen ungewöhnlichen Geschmack. Genauer gesagt, das Hotel meiner Träume gibt es gar nicht, denn es könnte nicht überleben: Es ragt auf einem Felsen in einem parkähnlichen Garten mit schönem Ausblick über einen See und die Berge; na ja, am Meer gelegen wäre auch okay – also: die Landschaft wäre top. Am Morgen gibt es am Buffet gesundes Leckeres ohne Zucker und Zusatzstoffe – insofern: das Frühstück wäre auch top. Die Inneneinrichtung ist nicht modisch, aber auch nicht modrig. Waschbecken und Toilettenschüsseln sind etwa vierzig Jahre alt, olivgrün oder cremegelb (diese Farben waren damals der letzte Schrei! Ich freue mich immer, wenn ein Hotelier sie noch nicht entsorgt hat, sich nachhaltig zeigt und couragiert seinen Kunden diese unmodischen, aber sehr soliden Teile präsentiert). Auf dem Multifunktionstisch steht ein uralter Röhrenfernseher oder am liebsten gar keiner, weil wir ja zu Hause auch keinen haben. Wellness mit Verwöhnprogrammen und exotischen Massagen gibt es nicht und auch keine einladenden Duschräume für die gemeinsame Nutzung beider Geschlechter; dafür ein langes, rechteckiges Schwimmbad mit nicht zu warmem Wasser zum Bahnenschwimmen. Kurzum: Meine favorisierte Hoteleinrichtung wäre für die meisten Gäste ein Flop, weil sie den ansonsten so beliebten Schnickschnack vermissen ließe. Also, was ich an Mehrkosten für Frühstück und Lokation bereit wäre auszugeben, würde ich gerne bei der Ausstattung und dem ganzen Firlefanz einsparen.

Einmal kam ich abends abgekämpft zu einem Hotel am Waldrand – es war eines aus der Kategorie „Egal, was kommt". Dort hieß es: „Kein Zimmer frei." Doch nach dem Motto „Geht nicht, gibt's nicht" bohrte ich so lange, bis man mir eine Art Notzimmer zur Verfügung stellte. Es war düster, es muffelte, es raschelte hinter der Wand, aber ich freute mich über das Bett. Ich riss die Fenster auf, hatte Appetit und ging dinieren. Als ich in mein Zimmer zurückkehrte, kamen sogleich vier Mäuse mit Pilotenschein aus ihren Verstecken in den Vorhängen hervor und stürzten sich in den Luftraum unweit meines Kopfes. Dank Echolot-Navi kam es zu keiner Kollision, auch wenn es teilweise sehr knapp war. Die Mini-Vampire flederten fleißig um das düstere und gruselig schimmernde Lampenlicht in meinem Zimmer. Sobald ich das Licht ausknipste, bezogen sie wieder ihre Parkposition upside down am Vorhang. Das war mir dann doch zu unheimlich für die Nacht. Nach meiner Reklamation verscheuchte der leicht angeheiterte Hotelwirt das Geschwader, faselte noch eine Entschuldigung vor sich hin und meinte, einen Tiger hätten sie wohl schon einmal im Hotel gehabt (…), aber noch keine fliegenden Mäuse.

Als Naturliebhaber kaufte ich mir dann 2009 nach einer fixen Idee eine Luxus-Isomatte und ein Frisbee-Zelt.

Und dann ging ich, wenn es Zeitplan und Wetter zuließen, mit Zelt auf Geschäftsreise. Das sorgte nicht selten für Gesprächsstoff auf den Geschäftsreisen, denn Außendienst mit dem Zelt ist gegen den Strom dieser Welt: Einmal wollte mich ein Geschäftspartner am Abend zum Essen in München treffen: „Wo übernachtest du?" – „Im Zelt!" – „Wie bitte?" Ein anderer Partner aus der Campingregion Benelux erkannte sofort meine Motive, als ich mich nach dem nächstgelegenen Zeltplatz erkundigte: „Super! Da hast du Urlaubsfeeling auf Geschäftsreise. Ich campe auch gerne!" Es gibt auch andere Gründe, die für das Campen sprechen: Im Zelt ist es meist kühler als in Räumen, das hilft mir beim Schlummern und beim Träumen. Außerdem ist es kostenmäßig ein guter Ausgleich für manche teure Hotelnacht und die Campingplätze sind fast immer landschaftlich schön gelegen, was man von Hotels nicht gerade sagen kann. In Frankreich bei der grünen Vollholzgroup amüsierte sich der Innendienst köstlich über meine Zeltplatzsuche. Ein Kollege fragte schelmisch, ob der Monsieur Gebrauchtmaschinenhändler denn das Zelt auch gebraucht gekauft hätte, um Kosten zu sparen …

Meine Bemühungen, zurückhaltender zu werden, beschränkten sich nicht nur auf Fahrzeuge oder Unterkünfte. Gott, der da sagt: „Siehe, ich mache alles neu" (Offenbarung 21,5; EL), schenkte mir den Mut, mich auch an die Reform von Lebensgewohnheiten heranzuwagen, die sehr schwer zu ändern sind. Wenn man sich angewöhnt hat, bei jeder sich bietenden Gelegenheit kopflos vorwärtszustürmen, um zu gewinnen, dann kann man das in der Regel nicht einfach mal schnell abstellen. Damit meine ich zum Beispiel zu hektisches Bewegen, zu hastiges Essen oder zu schnelles Sprechen. Aber ich habe festgestellt: Wenn man sich etwas langsam angewöhnt hat, kann man es sich auch allmählich wieder abgewöhnen.

Meine vielleicht anspruchsvollste Baustelle war die Sprache. Durch meine Ungeduld hatte ich chaotische und schlampige Sprachgewohnheiten entwickelt. Nun galt es, diese zu überwinden und zu ersetzen. Ich übte mich täglich im laut Vorlesen. Ein Genre der Literatur hatte es mir besonders angetan: Mädchenbücher! Einmal wurde ich im Schwimmbad von einem Bekannten beim Schmökern meines aktuellen Lieblingsbuchs (einer puritanischen Görengeschichte aus dem 16. Jahrhundert) erwischt. Er amüsierte sich köstlich und hielt mich für total abgedreht. Ich konterte und erklärte, dass es einen guten Grund für dieses exzentrische Hobby gebe, nämlich charakterbildenden Lesestoff für meine Mädchen zu entdecken. (Als ich dann nach mühsamer Suche endlich ein mir geeignet erscheinendes Buch entdeckte, musste ich es unseren Mädchen allerdings erst noch schmackhaft machen, und das war nicht selten ein schwieriges Geschäft.)

Wovon sie allerdings nie genug bekommen konnten, waren meine selbst ausgedachten Geschichten mit den Protagonisten Tim und Freddy. In diesen Spontangeschichten klärte ich sie über die Risiken und Nebenwirkungen unserer Konsumgesellschaft auf, die ihnen weismachen wollte, sie könnten sich glücklich kaufen. Die Marionette Freddy fiel immer wieder auf die Werbung rein und kaufte sich, was man darin als cool deklarierte – sein vernünftigerer Klassenkamerad Tim riet ihm jedes Mal davon ab. Seine Argumente wurden durch die Handlung unterstützt, weil sich Freddys Einkäufe am Ende grundsätzlich als Flops erwiesen. Zum zehnten Geburtstag von Tochter Harmony stellte ich ihr ein kleines Büchlein mit zehn derartigen Geschichten zusammen. Als unser Nachzügler und Stammhalter dann Jahre später in die Grundschule ging, kramte ich das Büchlein wieder heraus und las ihm daraus vor. Aus der Retroperspektive gefielen mir meine alten Geschichten richtig gut und ich fühlte mich sogleich berufen, Kinderbuchautor zu werden. „Solche Geschichten gegen den Kommerz wären doch eine Marktlücke!", schwärmte ich gedanklich – musste aber auch einräumen, dass es fraglich wäre, ob den Markt diese Lücke tatsächlich verzücke. Neben meiner Euphorie zweifelte ich an meinen sprachlichen Fähigkeiten. Mir war bewusst, wie jämmerlich meine Grammatikkenntnisse der deutschen Sprache waren. Die sechs Grundzeitformen konnte ich nicht benennen, die Begriffe für die verschiedenen Wortarten nannte ich Haupt-, Tu- und Wiewort und von den vier grammatischen Fällen hatte ich überhaupt keine Ahnung.

Aber meine Bildungslücken konnten meine Vision nicht verrücken. Ich schrieb eine E-Mail an das Institut für Deutsche Sprache in Mannheim und erkundigte mich, ob es nicht eine CD mit einem Crashkurs für deutsche Grammatik gäbe für Autobahnlerner wie mich, die gerne bei zweihundert Sachen Nachhilfe in Grammatik machen. Überraschenderweise bekam ich recht bald einen sehr langen Antwortbrief von einem Professor. Meine Anfrage traf anscheinend genau den Nerv seiner Berufung und so tobte er sich in seiner Mail so richtig aus, indem er mir viele leidenschaftliche Ratschläge für ein besseres Deutsch gab. Seine Gedanken wurden mir Inspirationsquelle. Er meinte, es gebe keinen Schnellkurs dieser Art und ein solcher wäre auch nicht hilfreich. Vielmehr sollte ich mich mit gescheiter Literatur umgeben und mir den Duden für Grammatik vorknöpfen. Sein Ratschluss erschien mir logisch und so entwickelte sich meine Leidenschaft Mädchenbücher zum Hobby Weltliteratur. Parallel dazu bestellte ich mir das Grammatikbuch und hatte, nach der Bibel und dem Stehle-Katalog, wieder ein anspruchsvolles Lernprojekt. Ich versuchte möglichst jeden Tag ein bisschen in dem fetten Wälzer zu lesen. Als ich die Fibel bei einem Arztbesuch studierte, sprach mich der neugierige Mediziner auf meine Lektüre an und konnte sich kaum noch einkriegen vor Interesse und Begeisterung über seinen Patienten, der in seinem Erwachsenenalter noch Grammatik büffelte.

Nach einigen Monaten mühsamen Selbststudiums im Duden verließ mich die Zuversicht: „Das ist mir alles viel zu detailliert geschrieben und ich verstehe rein gar nichts!" Ich fragte mich: „Weiterlesen oder aufgeben?" und grübelte, ob meine Vision mit dem Kinderbuch nicht eine Schnapsidee war. Im Moment meines Zweifels betrachtete ich noch mal den dicken Grammatikduden und überlegte, ob ich nicht lieber die Details über Silben und Wörter gänzlich überspringen sollte und gleich zum für mich interessantesten Kapitel über den Satzbau vordringen sollte. Ich spickte mal ins Kapitel und blätterte eine beliebige Seite auf. Die ersten Worte, auf die meine Augen fielen, waren der beispiellose Beispielsatz: „Stefan schreibt ein Buch." Für mich war diese Erfahrung ein Fingerzeig vom Himmel, der mich dazu bewegte, meiner Berufung zum Hobby-Buchautor Bedeutung beizumessen.

Eine weitere Möglichkeit, mich in puncto Sprache in Zurückhaltung zu üben, war meine Handschrift. Ich empfing eine Ansichtskarte von einem Freund, der mir durch seine besonnene und beherrschte Art schon lange ein Vorbild war. Erstmals fiel mir seine akkurate Handschrift auf, die sein geduldiges Wesen widerspiegelte. Ich war begeistert, wie alle seine Buchstaben so schön miteinander verbunden waren, und mir leuchtete plötzlich ein, dass es ja effizienter sei, wenn man nicht bei jedem zweiten Buchstaben den Stift absetzt, sondern einfach im Fluss schreibt. Also erstellte ich mir einen simplen Projektplan: Ich kaufte mir einen Füllfederhalter und fing an, zusammenhängende Buchstaben zu entwerfen, wie sie mir gefielen. Und so übte ich mich beim täglichen Tagebuchschreiben in Schönschrift. Meine Handschrift hat sich seit dieser Zeit verändert. Ich zelebriere es gebührlich, mir beim Tagebuchschreiben Zeit zu nehmen und damit meine ungeduldige Natur warten zu lassen; wenn ich heute unter Zeitdruck Maschinen aufnehme, ist meine Handschrift allerdings immer noch nicht über den Status Krickelkrakel hinausgekommen.

Es war für mich genugtuend wahrzunehmen, wie die blinde Gier meiner Vergangenheit zunehmend ausgebremst wurde und das Streben nach Zurückhaltung herrliche Früchte an meiner Persönlichkeit reifen ließ, zum Beispiel:

Zufriedenheit, Entspannung, Disziplin und Selbstwertgefühl. Es war für mich allerdings ernüchternd wahrzunehmen, wie die Welt um mich herum eine diametral entgegengesetzte Entwicklung nahm. Die Weisheit, die aus einem Leben der Zurückhaltung erwächst, verschmähte man als Untugend. Zur Tugend hingegen wurden Habgier und Raffsucht erklärt, und wie wir alle erlebt haben, fiel uns das im Jahr 2008 auf die Füße. Was war geschehen?

Einst das Wirtschaftswunder – jetzt die Wunderwirtschaft

Bereits vor der Jahrtausendwende schienen für den Strom der Gestressten die Grenzen des Wachstums erreicht zu sein, aber danach zauberte der Strom, der einst das Wirtschaftswunder hervorsprudeln ließ, eine regelrechte Wunderwirtschaft herbei! In den ersten Jahren des neuen Jahrtausends vollführte er vor den Augen aller Welt eine wundersame Geldvermehrung. Dabei gelang ihm das Kunststück, einer weitgehend wissenschaftsgläubigen Weltgemeinschaft weiszumachen, dass seine Wirtschaft wundersame Werke wirken könne, und führte ihre auswendig gelernte Aufgeklärtheit ad absurdum. Er verkaufte aller Welt das Märchen, man könne – einfach nur durch Glauben und Vertrauen – aus dem Nichts Werte, Wachstum und Wohlstand herbeizaubern. Das Wahnsinnstempo und der Wohlstandszauber der vorangegangenen Jahrzehnte hatten die Strombürger anscheinend dermaßen in ihren Bann gezogen, dass sie es nicht mehr für nötig hielten, sich ihres eigenen Verstandes zu bedienen und seine großspurigen Versprechungen zu verifizieren.

Der Strom vollbrachte weitere beeindruckende Wundertaten: Wie durch Magie gelang es ihm, mit immer weniger Manpower immer mehr Output zu produzieren. Roboter wurden in die Fabriken geholt und Arbeiter auf die Straße gesetzt. Die Arbeitslosen der Gegenwart konnten sich jedoch viel mehr Dinge leisten als die Beschäftigten der Vergangenheit. Die mirakulöse Stromökonomie schaffte es nicht nur, mit wenigen Arbeitern viel zu produzieren, sie lernte sogar, ohne viele Manufakturen auszukommen. Manche Fabriken setzten ihre Maschinen auf die Straße in Richtung Osten und installierten Vergnügungsparks an ihrer statt. Als dann bei allmählich stagnierenden Produktionsleistungen die Ansprüche der Strombürger weiter wuchsen und mehr Geld für Wachstum benötigt wurde, zauberte der Strom einfach – „Hokuspokus" – neue Finanzprodukte herbei, bei denen die Bewertung von Hypotheken mit den Ansprüchen der Konsumenten fantastisch wuchs.

Die Zeitpassagiere des neuen Millenniums erlebten die wundersame Geldvermehrung unterschiedlich. Bei einer Minorität kamen Wunder über Wunder direkt auf dem Bankkonto in der realen Welt an. Ihr Einkommen potenzierte sich. Diese Auserkorenen waren völlig aus dem Häuschen und lachten sich in beide Fäustchen. Nun brauchten sie zum Geldverdienen nicht mehr schwitzen, sondern nur noch sitzen: Sie checkten ihre Börsencharts und erlebten Cash Rewards. Ihr Arbeitsstil: „Maximal raffen, ohne zu schaffen", mutete an wie der Zauber des

Schlaraffenlands. Bei der Majorität allerdings verwunderte man sich, wie es denn sein könne, dass der Strom ständig strotzend vor Stolz steile Steigerungen statuierte, ohne dass davon etwas in Form von Kaufkraftgewinnen in ihren Portemonnaies landete. Stattdessen mussten sie immer mehr schaffen und in die Röhre gaffen. Sie wurden zu Höchstleistungen angetrieben und von Stressstrapazen aufgerieben. Das Psycholeiden Burn-out machte, von Amerika ausgehend, die Runde um den Globus. Der nächsthöhere Gang in der Stressmühle wurde mit dieser wilden und wundersamen Wachstumswallung eingelegt.

Die armseligen, „durch Selbstverschuldung" aus der Bahn geratenen Stressopfer taten dem Strom zwar nicht leid, aber seine Marketingabteilung hatte für sie eine Lösung bereit. Geschult in Kundenorientierung und Ertragsoptimierung versprach diese ihnen die blaue Entspannung vom Himmel herunter: Die Wasser des Stroms wurden von Tausenden von Trauminseln umsäumt – Urlaubsparadiese abseits aller Hektik, bereitgestellt vom reichen Strom für seine armen Gestressten. Als Belohnung für ihr Engagement durften hier diejenigen kurz ausspannen und sich schnell aufpäppeln lassen, die dringend eine Pause benötigten und auch in der Lage waren, die exotischen Preise dafür zu bezahlen. Und tatsächlich schien es auf diesen Eilanden außer Urlaubsstress nur Idylle zu geben. Allerdings, um einen begehrten Platz auf einer Insel zu ergattern, musste man schon einen ganz schön ambitionierten Stresskurs im Job hinlegen. Und je mehr die Wasser des Stromes anstiegen, desto mehr Menschen wurden reif für die Insel und desto weniger Platz zum Ausspannen blieb auf den Eilanden. So produzierte der Strom zunehmend Aussteiger, doch immer häufiger führte sie ihr Weg nicht ins Paradies, sondern in die Psychiatrie.

Nachdem es einigen Realos unter den Ökonomies dämmerte, dass der Strom seine Rechnung von der ewig weiterwachsenden Wunderwirtschaft auf der Basis von entrückten, verzückten und verrückten Formeln machte, dauerte es nicht mehr lange, bis es in der Wirtschaft so richtig krachte. 2008 platzte mit der Lehman-Pleite die Wunderblase und das aus wertlosen Banknoten zusammengeschusterte wirtschaftliche Traumschloss fiel ein wie ein Kartenhaus. Die Strombürger fragten sich, ob sie auf die Tricks eines Täuschungskünstlers reingefallen waren. In ihrer Ohnmacht starrten sie auf den Strom wie das Kaninchen auf den Schlangensohn. Und sie fragten sich weiter, was passieren würde, wenn dem Strom die Wachstumspuste aus- und seine Wasser zurückgingen. Der Strom aber beschwichtigte die verunsicherten Gemüter nach dem Motto: „Glaubt an mich und glaubt an den Aufschwung." Genau in dieser Zeit zauberte er vor ihren Augen ein kleines Wundergerät aus dem Ärmel, das in den nächsten Jahren dafür sorgen sollte, dass die Wunderwirtschaft (noch) nicht so schnell verginge: Das erste Smartphone war geboren und sollte der Menschheit in Zukunft dabei behilflich sein, die nächste Stufe der Stressleiter zu erklimmen.

~

Die Finanzkrise 2008 ging auch an unserer Gebrauchtmaschinenbranche nicht spurlos vorüber. Es war die erste

Wirtschaftskrise, durch die ich als Unternehmer zu manövrieren hatte. Just in dem Moment, als der Bau unserer dritten und bis dahin größten Halle vorangetrieben wurde und wir uns intensiver verschuldet hatten, gewahrten wir im Sommer 2008 einen massiven Auftragsrückgang als Vorausschatten auf bevorstehende Marktturbulenzen. Ich bekam es mit der Angst zu tun und hielt am einunddreißigsten Oktober eine in die Unternehmensannalen eingegangene Betriebsversammlung ab. Dabei sprach ich einmal mehr von Massenentlassungen, falls sich der Markt nicht wieder aufraffen sollte. Da sich die Lage auch bis Ende 2008 nicht wirklich entspannte, gab es einen weiteren Konsolidierungsschritt und wir überreichten sechs Mitarbeitern ihre Kündigungen, denen wir eigentlich im Blick auf ihren zukünftigen Renteneintritt ein „Miteinander angekommen" in Aussicht gestellt hatten. Das war hart und bitter und hoffentlich die letzte solche Maßnahme unserer Geschichte.

Zurückblickend werte ich mein Krisenmanagement in dieser Zeit als hypersensibel und wenig besonnen. 2009 schnitten wir dann aber vergleichsweise gut ab mit einem für die Branche rühmlichen Umsatzrückgang von nur drei Prozent; was sicherlich auch der Tatsache geschuldet ist, dass unsere Gebrauchtbranche einigermaßen krisenfest ist.

Ab 2010 ging die Expansion von vor der Krise dann ungebrochen weiter, als wäre nichts gewesen. Expansion bedeutet in der Regel Beschleunigung. Nach allem, was ich erlebt hatte, war ich nun sensibel genug, meine persönliche Arbeitsweise immer wieder infrage zu stellen und anzupassen, sodass mein Alltag auch trotz schnell wachsender Geschäftstätigkeit weiterhin entspannt blieb.

In einem Kinderhörspiel vernahm ich einmal den Ratschlag: „Neugier ist die einzige Gier, die erlaubt ist." Diesen Ausspruch fand ich interessant. Wenn schon der Gier, die in meinen Temperamentsadern wallte, die Entfaltungsmöglichkeiten versagt bleiben sollten, dann konnte ich ja umso mehr meiner Neugier freien Lauf lassen. Mein schier unersättliches Streben nach mehr Wissen und Erfahrung ist ein großartiger Antrieb. Aber das mit der Neugier kann auch nach hinten losgehen und ganz schön stressig werden.

Wenn ich etwas wissen und lernen will, recherchiere ich im Internet und in kurzer Zeit ist meine Neugier befriedigt; wenn ich allerdings dabei meiner Neugier ungebremst freien Lauf lasse und mich von Werbelockrufen weg von meinem Ziel zu den Zielen anderer lenken lasse, dann wird mir der Computer zum Konzentrationskiller. Diese Nebenwirkung des PCs wurde mir erst richtig bewusst, als ich schon lange meine Kehrtwende gegen den Strom der Gestressten hinter mir hatte.

Nicht selten ist die Büroarbeit trist und es lechzt der innere Streber in mir nach Erfolgserlebnissen. Dann versuche ich mir einen kleinen Energiekick zu verschaffen, indem ich mal schnell meine Aufmerksamkeit dahin lenke, wo ich Potenzial für Erfolgsmeldungen vermute. Wenn man am Bildschirm arbeitet, gibt es reichlich Möglichkeiten, sich selbst aus dem Arbeitsfluss zu reißen, indem man sich eine kleine erfrischend scheinende Ablenkung genehmigt: Scroll-scroll-scroll, ich überfliege den aktuellen Posteingang, ob meine Sekretärinnen mir nicht eine Zusage zu einem attraktiven Einkaufsprojekt weitergeleitet haben. Klick-klick-klick und schon sehe ich, ob in Klipphausen in den letzten Stunden schöne Aufträge eingegangen sind bzw. neue Gebote auf unsere aktuelle Auktion gesetzt wurden. Tab-tab-tab und im Nu weiß ich, wie der Dax aktuell in Frankfurt steht, ob es neue Nachrichten gibt oder ob wir laut Wettervorhersage in den nächsten Stunden mit Sonne rechnen können.

Ständige Ablenkungen mögen meine Neugier erfreuen, aber sie helfen auch, meine Gedanken zu zerstreuen. Wer seiner ungebändigten Neugier freien Lauf lässt, der hat einen Informationsfimmel und erzeugt ein Konzentrationsgewimmel. Da ich das nicht brauche, lerne ich lieber, mich zurückzuhalten.

Als mir vor einigen Jahren auffiel, dass ich an manchen Bürotagen kaum etwas anderes zustande brachte, als nur noch E-Mails abzuarbeiten, wurmte mich das. Mir wurde klar, dass die allgemeine Arbeitsweise im Mainstream, sich ständig von neuen E-Mails aus dem Arbeits- und Gedankenfluss bringen zu lassen, höchst ineffizient ist. So gewöhnte ich mir an, meine geschäftlichen E-Mails nicht mehr wie früher einzeln eintrudeln zu lassen, sondern sie gewöhnlich nur noch einmal pro Tag abzurufen und zwar en bloc, sodass meine Aufmerksamkeit nicht mehr bei jeder eingehenden Mail pingpongmäßig hin- und herspringt. „Das muss reichen", habe ich meinen Mitarbeitern und Geschäftspartnern zu verstehen gegeben, „alles darüber hinaus muss telefonisch geklärt werden." SMS mag ich nicht und möchte ich nur, wenn es absolut sein muss, ich bekomme durchschnittlich nur ein bis zwei pro Tag. Und wer mich über WhatsApp kontaktieren möchte, den konfrontiere ich mit: „What's that?" Dass diese Arbeitsweise mit wenigen Ablenkungen zur Aufheiterung meines Alltagsgeschäfts beiträgt, verstehen gejagte und geplagte Vertriebsmenschen gut. Ein enger Geschäftspartner aus Österreich hat mir einmal gesagt, er nutze seinen aktuellen Urlaub, um seinem Vater am Haus zu helfen. Für die Ohren eines einst urlaubssüchtigen Jetsetters war das nicht unbedingt ein beeindruckendes Reiseziel, aber was mich sehr beeindruckte, waren seine erklärenden Worte: „Das macht richtig Spaß, denn eine Woche ohne E-Mail und Handy ist für mich schon wie Urlaub."

Ziele treiben mich unheimlich an und machen mich, wann immer sie mich ziehen, zu einem regelrechten Energiebündel. Seit vielen Jahren setze ich mir täglich ein ziemlich ungewöhnliches und unbarmherziges Ziel: Ich toleriere keine Aufgabenverschiebungen in den nächsten Tag hinein. Jeden Morgen hat mein Schreibtisch leer, mein Posteingang abgearbeitet, mein Diktatordner abgeschlossen und mein Kopf frei zu sein. Das klappt zu fünfundneunzig Prozent, schätze ich. Da ich ja ein Drittel meiner Arbeitszeit im Außendienst bin, schleppe ich keine Arbeit von meinen Touren mit in den nächsten Tag. Wenn ich dann bei meiner Traumfrau auf den Hof fahre, habe ich nur noch meine E-Mails aus dem Tagesgeschäft abzuarbeiten und meine Besichtigungsfotos zu übertragen. Selbst wenn ich manchmal vierzehn Stunden ununterbrochen auf Achse war, verleiht mir das Ziel, die Arbeit bis zum nächsten Tag abgeschlossen zu haben, ausreichend Energiereserven, um die per Mail eingegangene Büroarbeit des Tages abzuarbeiten, auch wenn ich dann abends bis nach Mitternacht vor dem Rechner sitzen muss.

Am erquickenden Brunnen der Genugtuung
Hochkonjunktur im Unternehmen

Einer unserer wesentlichen internationalen Wettbewerber sagte mir einmal, wir seien das Unternehmen in der Branche, das über die meisten Markt- und Technikinformationen verfüge und diese am intelligentesten verknüpft habe. Ich glaube, er hat recht.

Insbesondere in den Jahren nach der Finanzkrise durfte ich mit Genugtuung beobachten, wie ohne besonderes Zutun von mir die geschäftliche Saat der vorangegangenen Jahre aufging und das Unternehmen immer dynamischer und wunderbarer aufblühte. Irgendwann im Jahr 2009 meinte ich zu Nachbar, wir sollten die Prospekte, die wir im Laufe der Jahre zu Tausenden gesammelt hatten, ins Internet stellen. Daraufhin entwickelte er eine Online-Enzyklopädie, die später als Wood Tec Pedia und international führendes Techniklexikon für die Branche bekannt werden sollte. Ich war in den Entwicklungsprozess nicht eingebunden und staunte nicht schlecht, als ich nach nicht weniger als sechstausend Arbeitsstunden diverser Mitarbeiter zwei Jahre später das Ergebnis erblickte. Seit der Veröffentlichung 2011 werden tagtäglich neue Informationen hochgeladen und das Lexikon wächst und wächst. Tausende Facherklärungen stellen unter Beweis, welche exzellenten technischen Kapazitäten unsere Produktmanager geworden sind.

Mit diesem Projekt gaben wir einen Teil unserer Expertise frei an den Markt, an Kunden und Wettbewerber. Wir werden dadurch bei der Internetsuche nach fast allen relevanten Branchenbegriffen genial gefunden, und zwar nicht durch teure Google-Werbung oder billige Werbesprüche, sondern durch solides Wissen über Technologie. Immerhin ist der (natürlich nie ganz zu erreichende) Anspruch des Wood Tec Pedia: vollständige Infos zu geben über alle bedeutenden europäischen Hersteller von Holzbearbeitungsmaschinen, alle Maschinenbaureihen und Typen – und Erklärungen zu allen wichtigen und relevanten Ausstattungsdetails und technischen Begriffen in der Branche.

HÜNFELD 2013–2015

In den Sommerferien 2013 war dann unsere Bad Hersfelder Zeit abgelaufen. Wir zogen als Familie in das dreißig Kilometer südlich gelegene Hünfeld. Die Kleinstadt liegt im Kreis Fulda, dem für mich „bayrischsten Kreis" Hessens. Der Umzug ging wie auch sonst auf die Initiative des immer noch nicht ganz stetigen Familienpapas zurück. Traumfrau ist da schon bodenständiger: Bei allen Umzügen wollte sie erst nicht an einen neuen Ort ziehen, später jedoch nicht mehr von dort weggehen. Wir haben aber immer einen guten gemeinsamen Weg gefunden.

Als wir als Familie in Hünfeld landeten, starteten wir als Unternehmen in Klipphausen gerade ein neues Geschäftsfeld – und zwar Online-Versteigerungen. Auf einer USA-Reise wurde ich vorher vom dortigen Branchenprimus gewarnt: „Fachhändler und gleichzeitig Versteigerer – das kann nicht funktionieren!" Wir trotzten dieser Prognose und gingen mit unserem Baby Wood Tec Auction im Frühjahr 2014 online. Doch unsere ersten beiden Auktionen wurden vom Markt komplett ignoriert. Es gab fast keine Gebote und noch weniger Bieter. Wir waren niedergeschlagen, verzweifelt und mutlos: „Alles umsonst? Fachhändler, bleib bei deinem Fach?" – „Nein, wir machen weiter!", sagten wir uns. Aber was wir jetzt brauchten, war ein Paukenschlag als Werbung. Es folgte eine Kampagne, die an Schrägheit kaum zu überbieten war. Offensiv publizierten wir überall: „Unsere Eröffnungsauktion war der totale Reinfall!", und setzten noch einen drauf, indem wir unsere nächste Auktion mit dem Slogan „Der absolute Auktions-Flop!" ankündigten. Als Blickfang für diesen Slogan musste ich mein Gesicht hinhalten, für das die erniedrigendste Stunde seiner Existenz schlug. Dabei musste die Traumfrau Albtraumfotos von ihrem Mann aufnehmen, mit dem Auktionshammer in der erhobenen Hand und bedrückendster Enttäuschung auf dem Gesicht. Die Traumfotografin verzweifelte fast, als man in Klipphausen nach dreihundert Fotos immer noch nicht mit dem Grad der Enttäuschung auf meinem Flop-Gesicht zufrieden war.

Auf den ersten Blick schien unsere Kampagne gegen alle Prinzipien der Vernunft. Okay, sie war zweifellos etwas Erfrischendes gegen den Strom der ewig prahlenden

Sonnyboys mit ihren fantastischen „Wir sind die Besten"-Sprüchen. Aber wer investiert denn schon Ressourcen, Zeit und Geld, um seinen Misserfolg zu verkünden in der Businesswelt? Wir bemühten uns schon lange um Transparenz, Integrität und Ehrlichkeit – aber ging dieses Eingeständnis der eigenen Schwäche nicht etwas zu weit? Maschinenkäufer suchen doch bewährte Technik, nicht Flops. In allen anderen Branchen hätte unsere Kampagne eigentlich nur mit einem Desaster enden können – aber in der Auktionsbranche entpuppte sie sich als goldrichtig. Denn der Auktionskäufer tickt in Bezug auf Flops diametral entgegengesetzt. Er wünscht sich ja nichts lieber als das! Er weiß: „Ist die Auktion für den Versteigerer ein Flop, dann ist sie für den Käufer top!" Unsere Flopkampagne wurde dann auch ein besonderer Erfolg. Viele Bieter schlichen sich im letzten Moment an, heimlich und leise, boten dann aber scharenweise und wir erzielten hervorragende Preise. Bis heute betreiben wir unsere Online-Auktionen ohne doppelten Boden und ohne verdeckte Gebotsmanipulationen. Wir rufen in der Regel Startpreise aus, die wesentlich unter unseren Einkaufspreisen liegen, aber setzen keine Mindestpreisgrenzen, um die Auktion interessant zu machen. Unserer Beobachtung nach gibt es bei Wood Tec Auction viel häufiger echte Schnäppchen zu ersteigern als anderswo.

Inspirationshoch im Unternehmer

Trotz der überaus erfolgreichen Unternehmensentwicklung erlebte ich im Herbst 2014 genau das, was ich mir bei meiner Resolution im Jahre 1997 gewünscht hatte: keine übermäßige Begeisterung über den Unternehmenserfolg – andere Prioritäten waren mir wichtiger, als einzig mit dem Unternehmen voranzukommen. Ich suchte mir eine Beschäftigung, von der ich mir versprach, dass in ihr mehr Potenzial für die Befriedigung meiner Seele lag: Ich plante mein Buchprojekt. So legte ich meine letzte Geschäftsreise 2014 auf November und nutzte den Advent als eine Ruhe- und Verzichtszeit für Inspiration. Statt Einkaufsstress erlaubte ich mir viel Muße und Entspannung. Auf ausgiebigen Fahrradtouren durch die Rhön mit unserem Labrador Ben – dem Angsthasen mit dem Löwenherz aus dem Hause Höchsmann – kamen mir die ersten Ideen für die Struktur meiner Autobiografie. Als wir dann ab Januar mit acht Wochen Schnee und viel Sonne gesegnet wurden, gönnte ich mir den Luxus, fast jeden Tag auf die etwa dreißig Kilometer entfernte Wasserkuppe zum Langlaufen zu fahren. Auf der Hin- und Rückfahrt zum Loipeneinstieg erledigte ich meine täglichen Geschäftstelefonate und kaufte Maschinen ein. Als mich ein Geschäftspartner fragte, wie es mir ginge, erwähnte ich, mir ginge es gut, da ich an diesem strahlenden Vormittag gerade unterwegs zum Langlaufen war. Er drückte Überraschung aus, wie ich die Zeit für so etwas finden könne. Ich dachte mir: „Wenn ich abends nach 23 Uhr geschäftliche E-Mails schreibe, fragt mich kein Mensch, warum ich so verrückt bin und so spät arbeite. Aber wenn ich so vernünftig bin, meine Arbeitszeit mit Entspannung und Fitness zu kombinieren, dann gibt es gleich Einwände." Die täglichen Denkpausen, die ich mir immer wieder gönne und die meine körperliche und damit auch geistige Fitness begünstigen, sind, glaube ich, ein nicht zu unterschätzender Wettbewerbsvorteil.

Ich nahm mir vor, mein Manuskript bis Ende 2015 fertigzustellen, und wusste, dass ich dafür mindestens zwei bis drei Stunden täglich benötigen würde. Da ich mir in den Jahren zuvor angewöhnt hatte, die Nachmittage meiner Bürotage für die Familie zu reservieren, und da ich mich auch um das wachsende Tagesgeschäft im Einkauf des Unternehmens zu kümmern hatte, war das ein recht ehrgeiziges Projekt. Ich delegierte mehr, deklarierte mehr als uninteressant und hakte weniger nach bei meinen Einkaufsprojekten. Was von selbst einging, ging ein; was ein proaktives Nachhaken meinerseits erforderte, wurde nicht selten vernachlässigt. Wir haben viele schöne Projekte verloren – aber was soll's! Ausgerechnet 2015 wurde für uns das Jahr mit der stärksten Umsatzexpansion seit vielen Jahren. Das ist auch deshalb bemerkenswert, weil sich unsere Verkaufsleitung für dieses Jahr eine besonders komische Idee hatte einfallen lassen, um unsere Verkäufer zu motivieren: 2015 wurde das statistische Gegenüberstellen der Verkaufszahlen der einzelnen Verkäufer ausgesetzt, sodass sie nur noch die Auswertungen der Gesamtumsätze des Unternehmens sahen und nicht mehr ihre persönlichen Umsätze.

An der Mündung der Entscheidung

Stress bekennen und besiegen

Seit einigen Jahren arbeiten wir mit einer innovativen Idee für das Wohl des Unternehmens und der Mitarbeiter – mit unserer Beschäftigungsampel. Hinter diesem Begriff verbirgt sich eine Seite unseres Intranets, über die unsere Mitarbeiter jede Woche ihre Arbeitsbelastung an alle anderen kommunizieren. Ein Traum wäre es, wenn alle Mitarbeiter immer auf Grün stehen würden; mein Ziel ist es, dass alle Mitarbeiter wenigstens zu zwei Dritteln ihrer Arbeitszeit auf Grün stehen. Die Realität im Megawachstumsjahr 2015 war leider anders: Zu viele standen zu oft auf Orange und nicht selten auf Rot, was bedeutet: „An der Leistungsgrenze" bzw. „Belastungsgrenze überschritten". Dennoch: Durch die Beschäftigungsampel sehen wir Leiter diese Stressspitzen und das ist ein Fortschritt, denn wir können nun eher gegensteuern. Abhilfe schaffen ist kein Kinderspiel und hängt nicht nur vom Unternehmenskurs, sondern auch von jedem Einzelnen ab. Es erfordert gutes Selbstmanagement, wenn man in unserem schnelllebigen Geschäftsalltag Negativstress vermeiden will. Man muss Aufgaben konsequent priorisieren und Kompetenz im Ablehnen präsentieren und sich dabei in den Tugenden Verzicht und Zurückhaltung trainieren. Ich will in Zukunft keine Firma besitzen, in der die Mitarbeiter ständig unter der drückenden Arbeitslast im Strom der Gestressten ächzen. Um unsere Mitarbeiter zu entlasten, haben wir alleine im Jahr 2015 elf neue Mitarbeiter eingestellt. Es ist unser Wunsch, dass wir dadurch nicht nur mehr Geschäft, sondern vor allem mehr Ruhe generieren.

Auch wenn meine persönliche Stressampel im Unternehmen meistens auf Grün steht, empfinde und verbreite ich heute immer noch oft genug und zu oft Stress. Anfang 2015, am letzten Tag unseres Winterurlaubs, blieben wir als Familie noch in unserem Hotel bis zum Abendessen, bevor wir die lange Rückreise antraten. So hatten wir noch einen schönen Skitag zusammen. Am Abend wollte ich dann keine Minute verlieren und endlich in die Spur Richtung Heimat kommen. Wir waren die Ersten am Buffet und gleich nach der Vorspeise gab ich Order, der Kellner möge die Getränkerechnung Richtung Rezeption befördern. Nachdem ich den letzten Bissen verschlungen hatte, während die anderen noch aßen, begab ich mich an die Rezeption, um die Endrechnung zu begleichen, damit wir danach unverzüglich aufbrechen konnten. Nun ist dieses Haus – wie fast alle anderen in den Alpen – eines, in dem man sich Entspannung für die Gäste auf die Fahne geschrieben hat. Die Hotelchefin ließ es sich dann nicht nehmen, mich wegen meiner Ungeduld mit einem geseufzten und freundlich-mitleidsvollen „Entspannen Sie sich doch lieber!" zurechtzuweisen. Heute, eine Stunde bevor ich diese Zeilen schreibe, mahnte mich ein österreichischer Geschäftspartner am Telefon: „Du bist immer in Eile, gell?" Das habe ich schon einmal gehört (…) und es beschämt mich, wenn meine alte Stressnatur wieder hochkommt. Ich will damit sagen: Ich bin kein großer Gegenstromheld, sondern oft genug selbst noch ein Mit-dem-

Strom-der-Gestressten-Schwimmer. Dennoch habe ich dieses Buch geschrieben, weil ich überzeugt davon bin, dass ich zu diesem Thema etwas zu sagen habe. Und weil ich weiß, dass ich vieles erlebt habe und erlebe, das für andere eine Herausforderung zum Umdenken und ihnen beim Ausstieg aus dem Strom der Gestressten behilflich sein kann.

Als Fazit meiner Anti-Stress-Geschichte lässt sich in Bezug auf meine Stressgewohnheiten festhalten: Vieles hat sich verändert und vieles muss sich noch verändern. Gerade 2015, durch die doppelte Belastung mit Business und Buchprojekt, war meine Alltagszeit ausgefüllt und mein Arbeitspensum ambitioniert. Dennoch kam ich damit gut klar, weil ich innerlich ruhiger geworden bin und den persönlichen Frieden erlebe, den ich einst nur ersehnte. Ich bin heute nicht mehr so verbissen perfektionistisch, sondern entspannt anspruchsvoll und somit auch gnädiger mit mir selbst. Ich bin konsequenter geworden, weil ich nicht mehr so viele Widersprüche lebe wie in der Zeit, als ich noch Stress hasste und ständig machte. Diese gewonnene innere Zufriedenheit blieb nicht ohne Auswirkungen auf meinen Körper, welcher – abgesehen von den normalen Alterserscheinungen – viel frischer und beständiger Gesundheit erlebt als in der Zeit des Hastens und Stressens.

Stress ignorieren und degenerieren

Wir schreiben inzwischen das Jahr 2016 und ich stehe mitten im Berufsleben. Die Umsatzmühle meines Unternehmens wird durch das Wasser unseres Wirtschaftsstroms in Gang gehalten. Bevor ich meine Erzählung von der autobiografischen Zeitlinie abkopple und die endgültige Version zementiere, werfe ich noch einmal einen finalen Blick auf unser aktuelles Zeitgeschehen:

Bis heute hat der Strom mit seiner Wunderwirtschaft die Finanzkrise überlebt. In der Zwischenzeit haben die Zentralbanken seine Ökonomie mit sensiblen Fingerspitzen und massiven Finanzspritzen über Wasser gehalten. Immer noch und immer mehr werden die Märkte mit billigem Geld geflutet, aber sie reagieren immer weniger auf diesen Zauber. Wie lange das noch gut gehen wird, weiß niemand. Trotzdem glauben viele Strombürger an ein Weiterwirken der angeblichen Wunderkräfte des Marktes und stimmen ein in den Chor: „Wir schaffen das!" Grund zu dieser Zuversicht verleiht ihnen die Tatsache, dass die Wunderwirtschaft des Stroms am laufenden Band technische Innovationen hervorbringt, deren Konsum in den Kassen der Konzerne kräftig klingelt und anscheinend Arbeitsplätze schafft.

Im neuen Jahrtausend hat der Strom in kürzester Zeit eine neue Industrie aus der Tiefe hervorgezaubert, die in rasanter Geschwindigkeit die Länder der Erde wirtschaftlich erobert und kulturell verändert hat. Die Namen der drei avantgardistischen Unternehmen, die den Markt anführen, sind auch von den Buchstaben her ganz vorne dran – sie fangen alle mit A an. Sie beschäftigen und rekrutieren die gelehrtesten Mitarbeiter und legen sehr viel Wert auf Sprache, denn sie wissen: Vokabular auf den Punkt gebracht ist im Internet die große Macht. Das Logo des ersten Konzerns mit der angebissenen Frucht erinnert an die Wiege der Spezies der Sprechenden im Garten Eden, kurz nach dem Sündenfall. Der zweite Konzern hat mit seinem Firmennamen die deutsche Sprache um ein Wort bereichert, das man konjugieren kann. 2014 ist das omnipräsente Unternehmen unter das Dach einer eigenen Holding geschlüpft und hat dieser einen neuen Namen verpasst, dessen Ruhm nicht lange auf sich warten lassen wird. Als Konzernnamen hat man sich nicht mit einem Teil des ABCs begnügt, sondern man ging gleich aufs Ganze und nannte sich „Alphabet". Der dritte Konzern outet sich als Alleskaufhaus und verdeutlicht durch seinen Namen, dass man Waren von A bis Z verkauft. Die Firma hat schier unendlichen Speicherplatz für die Daten seiner Kunden generiert und ihre Bytes in Form von Wörtern, Buchstaben und Sonstigem in die „Cloud" ausgelagert. Mit der Menschheit will der Firmengründer noch höher hinaus als nur in die Cloud: Er hat ein Raumfahrtunternehmen gegründet, mit dem er seine Einflusssphäre auf die Spezies der Sprechenden in Richtung Weltraum ausdehnen will. Ob einmal, wenn und falls das gelingen sollte, noch viel von der selbstständigen Sprache der Strombürger übrig sein wird, darf bezweifelt werden.

In den Medien des Stroms ist man zum Teil zuversichtlich, dass die Sprache der Menschheit sich aktuell in höhere Sphären schwingt: „Chats belegen das Gegenteil von Sprachverfall", konnte man 2013 in der Zeit lesen. Soso, nachdem das Fernsehen uns auf Bilder fixierte, die Rechtschreibprüfung unsere Hirnarbeit reduzierte und SMS unsere Wörter komprimierte, kam das Chatten und man konstatierte, dass nun eine gehobene Sprachkultur evolvierte. Da bin ich ja mal gespannt, wie exzellent sich unsere Sprache weiterentwickeln wird, wenn erst die Sprachsteuerung das Schreiben sukzessive ersetzen wird. Man sollte vielleicht mal einen Lehrer fragen, der schon seit Jahrzehnten das Fach Deutsch unterrichtet, welche Erfahrungen er mit dem Aufblühen der Lesekompetenz gemacht hat. Die „Bilderbuch-Bildung" unserer „Smart-Kids" wird heute hauptsächlich durch Bilder und nicht durch Sprache gebildet. Neulich las ich die Betriebsanleitung eines technischen Gerätes und war erstaunt, dass kein einziges Wort mehr darin zur Erklärung verwendet wurde. Die Anleitung bestand ausschließlich aus Skizzen und Smileys – für die heutige Chat-Generation gewiss narrensicherer als allzu lange Sätze.

Keine Frage, das Internet bereichert den Sprachschatz der Menschheit enorm. Aber leider verhält es sich hierbei ähnlich wie bei der Aufteilung der Profite des Wirtschaftswachstums: Eine kleine Elite entwickelt schnell ihre Sprache, doch der großen Masse kommt sie langsam abhanden. Die Sprachkompetenz der Internetkonzerne wächst beständig und sie verfügen fast über ein Monopol für die Sprachentwicklung – die Sprache der Bürger dagegen entwickelt sich zunehmend zu einem Wörterwirrwarr.

Ein Schulkamerad unseres Sohnes prahlte letztens, er

habe eines Nachts, während er schlief, sechsundneunzig neue WhatsApp-Nachrichten empfangen. Ich dachte mir: „Wenn er die alle vor Schulbeginn – bevor die nächsten Nachrichten auf ihn einströmen – lesen will, dann gelingt ihm das nur, wenn er sein Gehirn dazu nötigt, nur noch Wortfetzen zu lesen und Nachrichten schlampig und schludrig im Eilgang an sich vorüberrauschen zu lassen." Für Elfjährige mag das aufregend sein, sie mögen das lieben – aber viele Ältere fühlen sich von so etwas elendig getrieben! Dieses Dilemma beschreibt den Alltag der Strombürger ziemlich treffend. Sie müssen immer mehr immer schneller verarbeiten. Entweder machen sie Kompromisse mit der Gründlichkeit oder sie kommen unter wahnsinnigen Druck. Das stresst, das degeneriert ihre Sprache und das dürfte Demenz begünstigen!

Es ist nicht einfach, sich gegen die massive Beeinflussung dieses Stroms zu richten. Ein Strom ist etwas Dynamisches. Man braucht darin gar nicht viel Mühe aufzuwenden oder Vortrieb zu leisten – man wird mit dem Strom bewegt. Das hat seinen Reiz, aber auch seine Tücken. Noch ein Beispiel aus der Schule unseres Sohnes: Dort besitzen schätzungsweise zwei Drittel der Sechstklässler ein eigenes Smartphone. Nun gibt es Eltern wie wir, die können sich gar nicht so recht vorstellen, dass ein Elfjähriger durch den Besitz eines Smartphones schlau, ruhig und glücklich würde, wie es von der Industrie bzw. dem gesponserten Teil der Wissenschaft gerne behauptet wird. Solchen Eltern ist nicht wohl dabei, ihre Kinder zu früh mit dem mobilen Internet auszustatten und sie dadurch zu elektronisch aufspürbaren Zielscheiben für eine höchst manipulative und subtile Werbemaschine zu machen. Sie sehen voraus, dass sie sich – mit dem Smart-Telefon für Tochter oder Sohn – viele Diskussionen und Frustrationen einkaufen. Doch bevor sie die Vor- und Nachteile eines solchen Kaufs zu Ende gedacht haben, besitzen ihre Sprösslinge nicht selten schon genau so ein Telefon für Schlauberger. Vielleicht haben es die Eltern gegen ihre eigenen Überzeugungen gekauft, vielleicht haben es die Kinder geschenkt bekommen oder sich selbst besorgt. Was hier passiert, ist typisch Strom. Man braucht sich keine Gedanken zu machen und keine Entscheidungen zu treffen – der Strom denkt und lenkt für alle, die sich ihm angeschlossen haben. Trotz ihrer Bedenken und Unbehagen im Magen wollen solche Eltern lieber das Kind mit Handy ertragen, statt den Kurs gegen den Strom zu wagen und sich mit dieser Frage lange rumzuplagen.

In unserer Familie gibt es momentan zwei (von fünf) Smartphone-lose. Einer davon bin ich. Ich bin kein Prinzipienheini, aber ich fragte mich, welchen Nutzen mir so ein „cleveres Telefon" momentan bringen würde. Effizient Fotografieren? – Gelingt mit meiner Spiegelreflex besser! Nachrichten tippen? – Geht mit dem Keyboard am Rechner schneller! Im Internet surfen? – Ist mit dem großen PC-Bildschirm komfortabler! Telefonieren? – Mein Nokia ist handlicher und strahlt weniger. SMS senden? – Ich will gar keine empfangen! Instant Messaging? Instant Responding? Instant Penetrating? Permanent Distracting? – Ja, hier entfalten die Smartphones wirklich ihre Qualitäten und dafür sind sie auch gemacht. Aber ich will gar nicht getrieben sein von ständiger Erreichbarkeit! Ein Forschungsprojekt der Uni Bonn hat herausgefunden, dass durchschnittliche Smartphone-User sich dreiundfünfzig Mal täglich von ihrem Smartphone unterbrechen lassen. Darauf kann ich getrost verzichten! Wie wohltuend war es beim Schreiben meiner Autobiografie, mich Tag für Tag stundenlang auf nur eine Sache zu konzentrieren. Schön, dass ich das noch kann.

Ich beobachte im Berufsleben, dass Leute, je höher ihre Position ist, immer schwerer zu erreichen sind. Die Chefs halten sich offensichtlich ihre Aufmerksamkeit frei für Prioritäten und Konzentration. Ist das so dumm? Ich sehe, wie die einfachen Strombürger immer mehr versklavt werden an die Pflicht der ständigen Erreichbarkeit und an ein unbarmherziges Lebenstempo, das sie kaputt macht. Als ich vor knapp zwanzig Jahren in den Strom der Gestressten hineintappte, hatten wir im Unternehmen gerade auf E-Mail umgestellt. Wir waren begeistert von diesem neuen, effizienten und kostensparenden Kommunikationsmedium, von dessen Messagingwut und Mitteilungsflut wir im weiteren Verlauf tagtäglich gejagt werden sollten. Während ein Großteil der heutigen Büroangestellten unter dieser Last ächzt und ständig wie im Hamsterrad von einer nie endenden E-Mail-Flut gejagt wird, hat man sich entschieden, dass dies noch nicht ausreicht und man auf einem weiteren Kanal permanent gehetzt werden will, der unser Hirn unentwegt mit Trivialitäten überschwemmt: WhatsApp.

Komischerweise scheinen das alle zu lieben und alle wünschen sich anscheinend nichts sehnlicher, als dass doch möglichst bald die nächste Technik-Innovation über sie hereinbricht, um alles noch viel schneller und wilder zu machen als bisher. Auf der anderen Seite rufen dieselben Leute: „Stress lass nach!", und wischen mit scheinbar letzter Konzentrationskraft über ihren Touchscreen, um von der neuesten Anti-Stress-App aufge(p)äppelt zu werden.

Ich habe mir vor drei Jahren ein Tablet gekauft, weil mir das durch die blitzschnelle Internetverfügbarkeit auf Reisen echte Vorteile bringt. Ich habe mich von dem Teil aber nicht in eine neue Arbeitsweise hineinmanövrieren lassen. Wenn ein Smartphone mir Vorteile brächte, würde ich mir eines zulegen – momentan sehe ich keine. Weniger effizient im Alltag als der Durchschnitt bin ich, glaube ich, nicht: Seit vielen Jahren nehme ich mir fast jeden Tag drei Stunden Zeit für Dinge, für die andere Zeitgenossen kaum Zeit haben: eine Stunde für Gott, eine Stunde für den Sport und eine Stunde volle Aufmerksamkeit für den Nachwuchs.

Der Strom der Gestressten expandierte im Laufe meines Lebens kontinuierlich, aber im Vergleich zu dem, was wir heute erleben, waren alle anderen Stressepochen nur Rinnsale. Keiner wird bestreiten: Die Strombürger 2016 halten das Topranking aller Zeiten in „Gestresstheit". Das ständige Hin-und-her-Geschaukel durch die tückischen Stromschnellen unserer Zeit bekommt ihnen nicht gut. Im Alltag stehen sie unter medialem Dauerbeschuss; ungestörter Urlaub war für sie gestern, Abschalten nach Feierabend vorgestern. Heute gleicht ihre Arbeit einem Wildwasser ständiger Störungen und Unterbrechungen. Wer weiß, vielleicht strömt ja morgen noch mehr auf sie ein – z.B. das Ende der Nachtruhe, um der ständigen Erreichbarkeit willen.

Der Strom rückt uns – und damit auch unseren Familien und Kindern – immer näher auf die Pelle. Apropos Vererbung: Wir brauchen die sich epidemisch ausbreitenden Persönlichkeitsstörungen der Gegenwart nicht auf unsere Erbanlagen zu schieben – es sind unsere Entscheidungen, die dazu führen. Es gibt einen guten Grund, warum heute alle Altersklassen im Stress zu ertrinken scheinen, warum sowohl „Opa Demenz", „Vater Burnout" und „Sohn ADHS" Überforderung signalisieren: Sie schwimmen willig mit in einem System, in dem es nicht um das Wohlbefinden des Menschen, sondern um das Wohlergehen des Mammons geht, und dazu ist nach Seelentröstern schreiender Stress durchaus förderlich. Unser alteingeführtes Grundgesetz schützt die Würde und die Unantastbarkeit des Menschen – wie schön. Aber das allgegenwärtige Gesetz des Marktes bedrückt den modernen Menschen, sodass ihm das Wasser bis zum Halse steht. Wir leben in Zeiten der seelischen Seenot. Viele unserer Kollegen und Geschäftspartner sind im Begriff, unterzugehen und zu Opfern zu werden im Strom der Gestressten.

Unser Wirtschaftssystem ist zweifellos eine Erfolgsgeschichte, welches uns Frieden, Freiheit und Wohlstand brachte. Diese positiven Errungenschaften sind gut. Sie dürfen uns aber nicht darüber hinwegtäuschen, dass dieses System verdorben ist. Es macht seine eigenen Unterstützer krank, weil es selbst krank ist. Aus seiner Quelle strömt kein heilmachendes Frischwasser, sondern krankmachendes Abwasser, weil es als einzige Strömungskraft nur Geld- und Wachstumsgier kennt.

Meine Schilderungen vom Strom der Gestressten mögen an mancher Stelle überzogen sein und dürfen nicht darüber hinwegtäuschen, dass es in unserer Wirtschaft auch Ausnahmen gibt; positive Beispiele, wo Unternehmer und Mitarbeiter Stress vorbildlich managen. Indes bin ich überzeugt davon, dass der aufmerksame Beobachter des Zeitgeschehens meinen Ausführungen folgen kann und sich selbst im Mainstream wiederfindet. Solche Leser möchte ich einladen, sich wie ich mit der Frage zu beschäftigen, wie wir sowohl persönlich als auch mit unseren Familien und Unternehmen aussteigen können aus dem Strom der Gestressten, bevor wir in ihm untergehen. Dabei können wir etwas aus der Tsunami-Tragödie 2004 lernen: Während die Wellen über den Ozean wanderten, gab es Zeit, die Menschen vor der bevorstehenden Katastrophe in Sicherheit zu bringen, aber es gab kein funktionierendes Warnsystem. Wie ein Tsunami bewegt der Strom der Gestressten unheilvolle Wassermassen in unsere Richtung. Die Statistiken des Bundesgesundheitsministeriums legen nahe, dass bei anhaltendem Trend auch für uns persönlich ein exponentiell steigendes Risiko besteht, eines Tages Opfer der zunehmenden Überforderung im Berufsleben zu werden.

Mit dem Strom des lebendigen Wassers (2)
Die unbeliebte Therapie gegen den Stress

Mit dem Umzug nach Bad Hersfeld vor fünfzehn Jahren bin ich aus dem Strom der Gestressten ausgestiegen und habe wunderbaren Frieden gefunden. Mein Job ist seither wie ein Traum und kommt mir vor wie ein fantastischer Spaziergang zum Erfolg. Meine Arbeitszeiten sind weniger geworden, während die Erträge wuchsen.

Ich schätze, so einen Job suchen viele. Würde ich unter gestressten Managern ein Duplikat meines Jobs als vakant ausschreiben, bekäme ich vermutlich viele Bewerber ins Haus. Würde ich diese dann auffordern, den Weg gegen den Strom mit mir zu gehen, würden sie aber ganz schnell wieder aus meinem Büro flüchten. Denn der Weg, den ich gehe, hätte einen großen Haken für sie: Es ist nicht mein Weg! Und das bedeutet: Wollten sie ihn ebenfalls beschreiten, müssten sie – wie ich – ihren eigenen Weg aufgeben. Man hat ihnen aber im Mainstream weisgemacht: „Gehe deinen eigenen Weg und du findest Zufriedenheit und zu dir selbst." Wie ein Hund, den jemand vor einen Karren und hinter eine unerreichbar an einer Angel baumelnde Wurst gespannt hat, lassen sie sich von den Düften einer scheinbar Glückseligkeit verbreitenden Konsumwelt betäuben. Vergeblich jagen sie Dingen nach, die nicht glücklich machen. Sie denken, sie können an ihrem eigenen Weg festhalten, aber sie finden keine Zufriedenheit, sondern verlieren sich selbst im Stress. Tatsächlich gehen sie gar nicht auf ihrem eigenen Weg, sondern sie treiben fremdbestimmt auf dem breiten Weg der Masse. Sie haben sich von einer attraktiv klingenden Werbelüge täuschen lassen.

Der Weg, auf dem ich diesen wunderbaren Frieden gefunden habe, ist anders: Ich halte nicht an meinem eigenen Weg fest, sondern begebe mich auf den Weg eines anderen. Dafür verheißt dieser Weg, dass jeder, der auf ihm geht, Frieden findet, denn das Wesen dieses Weges ist Frieden und Stress hat darauf keinen Raum. Dieser Weg ist niemand anderes als der, der von sich gesagt hat: „Ich bin der Weg, die Wahrheit und das Leben, niemand kommt zum Vater, außer durch mich" (Johannes 14,6; EÜ). Jesus Christus hat unseren Lebensweg beschrieben mit den Worten: „Wer sein Leben festhalten will, wird es verlieren. Wer sein Leben aber meinetwegen verliert, der wird es finden" (Matthäus 10,39; NeÜ).

Das Evangelium führt den Menschen nicht nur zum Frieden mit Gott, sondern auch mit seinen Nächsten und mit sich selbst. Jesus hat von diesem Frieden gesprochen, als er kurz vor seiner Kreuzigung seine Jünger tröstete: „Ich habe euch das gesagt, damit ihr in meinem Frieden geborgen seid. In der Welt wird man Druck auf euch ausüben. Aber verliert nicht den Mut! Ich habe die Welt besiegt!" (Johannes 16,33; NeÜ). Er ermahnte die gestresste Martha und lobte die entspannte Maria. In den sozialen Netzwerken unserer Martha-Gesellschaft gibt es heute keinen Daumenzeig nach oben für die Maria-Gesinnung, denn Maria saß zu Jesu Füßen und hörte ihm entspannt zu, während Martha überfordert ihren eigenen Idealen von Gastfreundschaft nachjagte (Lukas 10,41b-42).

Der Gott der Bibel outet sich als Gott des Friedens (1. Thessalonicher 5,23) und sein Sohn kam nicht als Stressstifter, sondern als Friedefürst auf die Welt (Jesaja 9,6). Kein Wort findet sich in den Evangelien darüber, dass Jesus übereilig oder überfordert gewesen wäre. Bei seiner Ankunft in der Nähe von Bethlehem begrüßten ihn die „Angels of Heaven" mit einem Open-Air-Concert und einem Song-of-Peace, der da lautete: „Und Friede auf Erden bei den Menschen seines Wohlgefallens!" (Lukas 2,14; L). Er sagte zu seinen Jüngern. „Meinen Frieden gebe ich euch", und fügte hinzu, „nicht einen Frieden, wie die Welt ihn gibt" (Johannes 14,27; EÜ). Das Evangelium kann man also Antistressprogramm nennen und es ist Gottes Friedensangebot an alle Menschen, wie es in der Bibel in Johannes 3,16 (L) zusammengefasst steht: „Denn also hat Gott die Welt geliebt, dass er seinen eingeborenen Sohn gab, damit alle, die an ihn glauben, nicht verloren werden, sondern das ewige Leben haben."

Natürlich kann man à la Nietzsche einwenden: Wenn die Christen weniger gestresst aussähen, könnte man vielleicht an ihren Christus als Stressüberwinder glauben. Man sollte bedenken, dass ein großer Teil des heutigen Christentums sich voll an den Strom der Gestressten angepasst und seine Berufung, sich nicht der Welt anzugleichen, aufgegeben hat. Ich weiß, dass mein Erlöser lebt, weil ich erlebt habe, was er aus meinem Leben gemacht hat. Meine Bekehrung führte nicht sofort zum Ausstieg aus dem Strom der Gestressten, aber war die entscheidende Grundlage dafür. Ich habe durch das Evangelium nicht nur großartige Veränderungen im Unternehmen und Job erlebt, sondern noch weitaus gewichtigere in meinen Beziehungen.

Als ich vor dreißig Jahren mit der guten Botschaft von Jesus nach Hause kam, fragten sich meine Eltern, was nun wohl aus ihrem Sohn werden würde. Ihre anfänglichen Einwände haben sich aufgelöst, weil sie miterleben konnten, wie segensreich sich das Evangelium langfristig auf mich ausgewirkt hat. Durch das Evangelium hat Gott mein Leben aus der Depression befreit. Durch sein Evangelium hat er aus mir, einem verklemmten Menschenscheuen, einen fröhlichen Beziehungsmenschen gemacht. Mit seinem Evangelium veränderte er mich, den einst unverbesserlichen Bildungsmuffel, in einen unermüdlichen Bildungsstreber. Das Evangelium ist der entscheidende Grund, warum aus mir, dem chaotischen Stressmacher von damals, heute ein entspannter Stressmanager wurde, der seine immer noch vorhandene Neigung zum Stress entkrampft annehmen kann.

Meine eigene Familie hat sich trotz massiver Defizite und Herausforderungen wunderbar entwickelt. Traumfrau und ich sind dermaßen unterschiedlich; ich wusste bei der Eheschließung gar nicht, dass es eine im Vergleich zu mir so andersartige Spezies Mensch wie sie gibt. Das Spannungspotenzial, welches durch die Ehe in mein Leben kam, hätte mich zerrissen und unsere Ehe und Familie in Stücke gehauen, wenn ich nicht durch das Evangelium gelernt hätte, mit eigenen Unvollkommenheiten und Schwachheiten umzugehen und meiner Frau ihre Defizite nachzusehen – und natürlich vice versa. Als sündiger Mensch lebe ich tagtäglich in der innigen, vertrauensvollen und herzlichen Liebesbeziehung mit dem heiligen Gott, meinem himmlischen Vater, der mich annimmt wie ich bin, mich aber nicht so lässt, wie ich bin. In dieser vertikalen Beziehung zu Gott empfange ich unendliche Gnade, sodass ich lerne, auch in meinen horizontalen Beziehungen anderen Menschen immer öfter Gnade entgegenzubringen.

Unsere Kinder haben seit unserem Neustart in Bad Hersfeld die Beachtung bekommen, die sie brauchen. Als unsere Töchter 1995 und 1997 geboren wurden, steckte ich mitten im Aufbaustress in Sachsen und mir war meine Stressnatur sehr bewusst. Zu der Zeit erkannte ich durch das Evangelium: Entweder würde ich mich für die Kinder ändern oder die Kinder würden sich an mich anpassen und meine Immer-in-Eile-Natur würde als soziales Erbe auf sie fallen. Gott hat mich immer wieder im Job gebremst und beraten, meine Arbeitszeiten zugunsten der Kinder und Familie zu reduzieren. Ohne Gottes durch die Bibel kommunizierte Weisheit hätte ich – wie typisch im Strom der Gestressten – der Expansion und Optimierung des Unternehmens Vorrang vor ihnen eingeräumt und sie vernachlässigt. Wenn ich heute unsere Kinder betrachte, empfinde ich große Genugtuung. Wir haben wunderbare Beziehungen und unsere Familie ist für mich ein Ruhepol – kein Stressfaktor.

Die großartigsten Auswirkungen des Weges manifestieren sich allerdings in meiner Beziehung zu mir selbst. Wer in der Höhle einer verzweifelten Selbstverachtung gewohnt, wer die Abgründe im Gefängnis der Menschenfurcht erlebt und wer die Zwangsjacke eines unbändigen Geltungsdrangs getragen hat, weiß, wie elend man sich fühlt, wenn man in seiner Seele nicht wirklich frei ist. Das Evangelium hat mich frei gemacht und mir Gottes Frieden gebracht, der alles menschliche Verstehen weit übersteigt. Es hat mein Herz fest gemacht, sodass ich heute den Herausforderungen des Lebens entspannt entgegentreten kann. Und dieser gottgewirkte Friede in mir selbst hat Auswirkungen auf alle meine anderen Beziehungen.

Die ungeahnte Tugend für den Frieden

In meiner ersten Lebenshälfte haben sich an mir einige Stresstreiber manifestiert: zum Beispiel der Perfektionismus, die Hypochondrie, die Minderwertigkeit und vor allem die Gier. Diese sind alle ziemlich individuell. Es gibt aber auch einen wenig wahrgenommenen Stresstreiber, der allen innewohnt – und damit meine ich den Stolz. Und dieser ist besonders wichtig in Bezug auf unser Thema, denn Stress und Stolz wachsen aus dem gleichen Holz.

Ich führte letztens ein Gespräch mit einem meiner Mitarbeiter und fragte ihn, ob er einen Zusammenhang zwischen Stress und Stolz sähe. Er bejahte dies, ohne zu zögern. Wer darauf aus ist, andere zu beeindrucken, und vor ihnen gut dastehen will, der wird viel Unnötiges begehren und sich in Betriebsamkeit verzehren, viel Aufwand betreiben und sich durch Stress aufreiben. „Braucht mein zerbeultes Auto eine Reparatur, wenn es noch einwandfrei funktioniert?" „Brauche ich mal wieder neue Klamotten, obwohl die alten noch nicht zerschlissen sind und ich ohnehin zu viele im Schrank rumliegen habe, nur weil die Mode mir ein neues Outfit diktiert?" So viel von dem, wonach wir Menschen streben, bietet uns keinen praktischen Gewinn, sondern hat nur für unser Ansehen einen Sinn. Der menschliche Stolz treibt uns zu einem Rattenrennen an und zieht einen Rattenschwanz unnötiger Aktivitäten nach sich. Stolz will recht haben, will Lob hören, will geschmeichelt werden, will gefeiert werden, will darstellen, will angeben, will dominieren, will vertuschen – Stolz will sich nicht blamieren, will nicht bloßgestellt werden, nicht wahrhaben, nicht aufdecken, nicht zugeben, nicht folgen, nicht lernen. Stolz meidet keinen Stress, wenn es darum geht, andere zu beeindrucken und ihre Aufmerksamkeit auf sich zu lenken. Stolz will bestimmte Personen nicht enttäuschen und kann anderen gegenüber sehr kühl sein. Stolze Menschen betreiben oft einen immensen Aufwand, ihre schmutzige Weste sauberzureden, ihre Hässlichkeiten schönzureden und die Errungenschaften ihrer Konkurrenten schlechtzureden. Stolze Menschen müssen ständig das Wort ergreifen, ihre Werke erweisen und sich rechtfertigen – welch ein unnötiger Stress dies alles ist!

Vielleicht hat ja der Buchtitel einige Leser angesprochen, weil in ihnen auch kleine Gegen-den-Strom-Schwimmer stecken wie in mir. Für diesen Personenkreis habe ich einen besonderen Leckerbissen, denn was jetzt kommt, das geht so richtig gegen den Strom – und zwar gegen den Strom der Meinungen, von Paris bis Rom: Dem Stolz kann man noch ein anderes Wort zuschreiben, das traut sich aber kaum jemand auszusprechen, denn das würde bedeuten, ein Tabu zu brechen. Dieses Wort erklärt, warum das am weitesten verbreitete Buch gleichzeitig das am meisten verachtete Buch ist. Stolze Menschen schwingen große Reden, warum sie dieses Wort nicht pflegen. Warum sie es nicht kennen, fällt ihnen gar nicht schwer zu nennen, sie haben tausend Gründe – das Wort ist: Sünde! Die Sünde im Allgemeinen und die Sünde des Stolzes im Spezifischen treibt zu unnötigem Stress an. Laut dem Gott der Bibel sind alle Menschen nicht nur gleichermaßen abartig stolz, sondern auch abgrundtief sündig.

Wenn jemand auf Gottes Weg des Friedens kommen will, darf er seinen Stolz bekennen und das Stresspaket, das sich Sünde nennt, bei Christus am Kreuz ablegen. Als der stolze Stefan in seinem dreiundzwanzigsten Lebensjahr auf seiner zweiten Neuseelandreise „Jesus, den Weg" fand, sah ich voraus, dass ich auf diesem Weg Freiheit und Frieden finden würde. Was ich damals aber noch nicht ahnte: In der Folgezeit lag viel Schmerz vor mir, denn mein Stolz sollte nur langsam zerbrechen. Durch die Bibel wurde mir klar: Meine stolze Welt war nicht erhaltenswert, sie war verlogen und verkehrt. In ihr war ich der Mittelpunkt und alle hatten mir zu dienen. Diese egozentrische Welt konnte nicht richtig funktionieren und daher entschied ich mich, nicht mehr länger zu intervenieren. Ich erkannte: Die Sünde des eigenen Stolzes zuzugeben ist keine Schande für mich, sondern eine Chance für Gott. Und so kam es zu meiner Kapitulation. Aber nicht zu einer Resignation! Im Gegenteil – nun begann die abenteuerlichste Zeit meines Lebens.

Mein altes modriges Lebensgebäude wurde abgerissen, aber mir wurde schon das Bild eines neuen herrlicheren Bauwerks vor Augen gemalt, das mein Schöpfer aus mir gestalten würde. Diese Zeit war einerseits anstrengend und andererseits anregend. Mein Stolz durfte ruhig begraben werden unter dem Bauschutt meiner Vergangenheit; nun war mein Leben auf dem Weg, zu einem Tempel zur Verherrlichung Gottes zu werden. Mein bisheriges Wertesystem wurde auch auf diesen Schutthaufen geworfen und das war gut so, denn die Werte, die ich von vergänglichen Menschen mit ihrer Wechselhaftigkeit übernommen hatte, gaben mir keine zuverlässige Orientierung. Wie schon berichtet, folgte darauf eine Zeit voller Unsicherheit und Ängste, aber in zunehmendem Maße kam auch mehr Zuversicht in mein Leben und Mut zum Neuanfang und zur Veränderung. Immerhin hatte mein Leben jetzt den ewigen Gott mit seinem konstanten Wertesystem als Navigationshilfe. Und dieser wurde mir zur Kompassnadel, um nicht nur den Stolz damit zu konfrontieren, sondern auch den Stress. Bis zu dem Einsturz meines hochmütigen Lebenswerks war Stress für mich kein Thema. Hetzerei und Raserei brachten mich weiter und stimmten mich heiter. Als sich der Nebel des Baustaubs in den folgenden Jahren gesenkt hatte, fielen mir dann viele kleine Nebenbaustellen ins Auge, unter anderem auch meine Stressnatur.

Mit dem Bild von der Bestattung meines Stolzes will ich nicht behaupten, dass mein begrabener Stolz nie mehr in meiner Seele herumgeistern würde. Als ein weiser Baumeister lässt Gott den Erneuerungsprozess lange währen und baut solide Fundamente. Meine ungeduldige Natur hätte ein schnell hingestelltes Fertighaus bevorzugt, aber Gott hat auch heute noch genug Arbeit mit meinem Stolz. Doch je weiter sein Bau fortschreitet, desto mehr Sieg erlebe ich und desto leichter wird alles: Ich investiere heute viel weniger vergebliche Mühe für eigene Imagepflege als früher; ich habe heute nicht mehr so viel Angst vor erfolgreichen und angesehenen Personen; es macht mir heute nicht mehr so viel aus, aus der Reihe zu tanzen. Mit dem Prediger sage ich: „Eine Hand voll Gelassenheit ist besser als beide Hände voll Mühe und Jagd nach Wind" (Prediger 4,6; GN).

Wenn man Stolz als Stresstreiber erkannt hat und sich Veränderung wünscht, dann ist es vielleicht keine gute Strategie, sich verkrampft vorzubeten: „Sei bloß nicht stolz, sei bloß nicht stolz, …" Besser, man strebt nach etwas gänzlich Andersartigem. Gott hat uns als wirkungsvolle Waffe gegen den Stolz die Demut aufgezeigt. Demut konfrontiert Stolz. Sie ist weder falsche Bescheidenheit noch ein Dasein als Fußmatte. Demut ist, wenn man sich von anderen so sehen lässt, wie man wirklich ist. Sie ist ein starkes Fundament, weil sie sich nicht selbst erhöht, sondern auf dem Boden der Tatsachen bleibt. Demut muss sich nicht produzieren, muss seine Errungenschaften nicht herausposaunen, sie strebt nicht nach eigener Ehre. Der Demütige spart sich die aufzehrende Energie, die nötig ist, um Masken anzulegen und sich zu verstellen. Es ist „entstressend" und entspannend, wenn man sich nicht ständig komplizierte Ablenkungsmanöver ausdenken muss, um irgendwelche unrühmliche Dinge vor anderen zu vertuschen.

Demütigung vor Gott ist kein Untergang, sondern fördert den Neuanfang. Demut verschafft einen klaren Blick. Derjenige, der bereit ist, sich selbst tief ins Herz blicken zu lassen, hat einen Vorteil bei der Verifikation von Realität und Wahrheit. Demut hat kein Problem zu verzichten. Demut übt Zurückhaltung gegenüber sich selbst und dem, was zugrunde richtet. Der Stolz ist eine Lernbremse – die Demut dagegen ist belehrbar, weil sie zugibt, dass sie nicht alles weiß.

In meinem alten selbst verwalteten Leben hatte ich panische Angst davor, dass eine meiner Schwächen vor anderen bekannt würde (auch eine Folge von Stolz). Nun habe ich in dieser Autobiografie zuweilen frisch-fröhlich-frei von meinen Schwächen und Stärken erzählt. Wie kommt es, dass ein Mann, der sich einst als der Schamhafteste unter den Menschen wahrnahm, heute kaum ein Blatt vor den Mund zu nehmen braucht in Bezug auf seine Schrägheiten? Die Antwort darauf liegt abgeschieden von dem Weg der Mehrheit und ist wohl ungenießbar für den Geschmack der Menge: Als ich, wie im Mainstream üblich, bei der Entwicklung meiner Persönlichkeit das Augenmerk auf Äußeres, auf die Fassade und das Image legte, verharrte ich in der Minderwertigkeit. Als ich dann die Tiefen meiner Seele öffnete und bereit wurde, auch den Schlamm und Morast an diesem finsteren Ort sichtbar werden zu lassen, kam durch das Licht der Welt Licht ins Dunkel. Ich ließ mich von dem durchleuchten, dessen Augen so rein, heilig und verzehrend wie Feuerflammen sind. Ich habe denjenigen mit mir in mein Herz blicken lassen, der mich am besten kennt und dennoch liebt.

Als Hirte meiner Seele wusste Jesus viel besser über mein Innenleben Bescheid als ich selbst. Als ich merkte, wie wohltuend seine Gegenwart in meinem Herzen war und dass er nicht zum Verderben, sondern zum Erneuern in mich gekommen war, wurde ich bereit, alles in mir infrage stellen zu lassen: Ob Lüge, ob Falschheit, ob Verstellung oder ob Vorteilssuche – ich wollte alles ergründen und an dem ausrichten, was ich in der Bibel als Wahrheit erkannt hatte.

Das Ergebnis dieses Prozesses war und ist Freiheit – wunderbare Freiheit; und Entspannung – herrliche Entspannung. So sein zu dürfen, wie ich bin, und andere mich so sehen zu lassen, wie ich bin – das war Gottes Geschenk an mich und ist sein Geschenk an jeden, der sich ihm anvertraut. Was ist schon dabei, wenn Menschen mir Schwächen und Sünden zuschreiben, wenn Gott mir die Stärken und Gerechtigkeit seines Sohnes zurechnet? So identifiziere ich mich gerne als Sünder und bin geständig, weil ich gereinigt und geliebt bin. Ich habe einen Gott, der für mich ist. Gott hasst die Sünde, aber liebt den Sünder und hat für den geständigen Sünder gewaltigen Segen bereit. Viele Menschen tun so, als gebe es keine Sünde, weder in ihnen noch in ihren Nächsten. Aber wehe, ein anderer verhält sich ihnen gegenüber wie ein vermeintlicher Sünder, dann kommt schnell ihre ganze Sündhaftigkeit in ihnen hoch mit beißender Verachtung.

Nur weil ich gelernt habe, mich nicht mehr vor anderen so oft zu verstellen wie früher, will ich hier nicht behaupten, dass ich mich nun als besonders demütig ansehe. Das bin ich nicht, aber ich entwickele mich in dieser Tugend, weil ich sie erstrebe und erbitte und erwünsche – und zwar von dem, der sie hat und gerne gibt. Von dem haushohen Hochmut meiner Höchsmann-Sippe ist bei mir auch nach dreißig Jahren Christsein noch eine gehörige Portion Stolz übrig geblieben. Das wurde mir im Jahr 2015 neu bewusst, als ich mir einmal das aktuelle Tagesprogramm meines internen Gedankenkinos genauer ansah. Auf der metaphysischen Leinwand dieser semibewussten Lichtspielanstalt laufen nämlich nicht selten selbstherrliche Filme ab, mitten im Leben, zum Beispiel:

Anfang des Jahres interessierte sich ein Freund aus Hessen für einen Job bei Höchsmann in Sachsen. Nach diversen Außendiensttouren zum Kennenlernen vereinbarten wir, dass ich ihn einmal mit nach Klipphausen nehmen und ihm das Unternehmen von innen vorstellen würde. Als die Reise dann geplant war, sah ich im Unterbewusstsein einen Dokumentarfilm über seinen bevorstehenden Antrittsbesuch in Klipphausen und auch, wie dieser Freund nach dem Besuch zu seiner Frau zurückkehrte, die ich ebenfalls gut kenne und schätze. Da vor meinem geistigen Auge meistens keine Stummfilme ablaufen, schnitt ich auch mit, mit welchen Worten mein Freund seine Eindrücke des imaginären Besuchs in Klipphausen seiner Gattin gegenüber schilderte: „Wow – die Firma ist der Hammer! Riesig! Superorganisation! Absolut genial …!" Auch anderes Filmmaterial, was auf meinem internen Schirm abläuft und auf meine persönliche Ehre abzielt, ist nicht dazu geeignet, von Demut zu prahlen. Es gibt da Sequenzen über mir nahestehende Menschen, die sich über meine in den letzten Jahren entwickelte Gabe des Schreibens positiv äußern und ihre Beeindruckung gegenüber anderen ausdrücken, die ich beeindrucken will.

Ich muss also bekennen: „Ich bin eine etwas skurrile Mischung aus jemandem, der immer Demut begehrt und immer noch Stolz erfährt." Das macht aber gar nichts und ist voll in der Harmonie – durch Christus, dessen Kreuz das alles in der Waage hält.

Jesus – der einzige Sündlose, der je über diesen Planeten wandelte – ist die Demut in Person. Jesus ist das demütige Gegenstück für den stolzen Sünder; sei er nun ein hochmütiger Höchsmann oder ein arroganter Allerweltsmensch. Bereitwillig wurde er zum niedrigsten Mann, obwohl er doch der höchste Gott war! Der Prophet Jesaja weissagte, wie verachtet und abgelehnt der Messias sein würde, und sah ihn als vor den Menschen erniedrigt, geächtet und geschlagen (Jesaja 53). Als Jesus, Sohn des ewigen Gottes, sich dann entschied, als Mensch auf die Erde zu kommen, hätte er sich eine antike 5-Sterne-Herberge mit Kingsize-Bett buchen können, aber er wählte einen Viehstall mit Futtertrog als sein Babyhome. Im Philipperbrief beschrieb Paulus Jesus als den, der, obwohl er Gott war, auf alles verzichtete, sich als Diener kleinmachte und sich selbst erniedrigte bis zum Verbrechertod am Kreuz.

Mein Name ist heute immer noch: Stolzer Höchs(t)-mann – aber Jesus ist als demütiger Niedrig(st)mann in mich gekommen und bestimmt mit seiner entgegengesetzten Gesinnung immer mehr von meinem Leben! Und in seiner Demut ist er der Überwinder der Stressmentalität. Er vermag in mir, was ich nicht kann, nämlich gegen den Strom der Gestressten zu gehen. Er ruft alle Menschen auf

seinen Weg des Friedens mit den Worten: „Kommt alle
her zu mir, die ihr müde seid und schwere Lasten tragt,
ich will euch Ruhe schenken" (Matthäus 11,28; NL).
„Nehmt auf euch mein Joch und lernt von mir; denn ich
bin sanftmütig und von Herzen demütig; so werdet ihr
Ruhe finden für eure Seelen. Denn mein Joch ist sanft,
und meine Last ist leicht" (Matthäus 11,29-30; L).

Nachwort

Ich habe nun nicht mehr viel über mich zu sagen. Für diejenigen, die auch jetzt noch weiterlesen wollen, kann ich noch folgenden Anhang zu meinem Plädoyer für das Evangelium anbieten.

Dem modernen Menschen fällt es schwer, an den biblischen Schöpfergott zu glauben. Kein Wunder – schon in der Schule verkauft man ihm Theorien als Realitäten und impft ihn mit „Beweisen" für die Evolution, die seine Verantwortlichkeit gegenüber Gott überflüssig machen und seiner edlen und wilden Natur mit ihrer Sündhaftigkeit einen Heiligenschein verleihen.

Der moderne Mensch sieht es als vergebliche Mühe an, der Frage nach dem tieferen Sinn des Lebens auf den Grund zu gehen, denn er hat bereits oberflächlichen Sinn in der Jagd nach der Befriedigung seiner Triebe gefunden – so lässt er seine Meinung einfach vom Strom konfigurieren. Die entscheidenden Impulse für die Entwicklung seiner Identität und Verifizierung seines Lebenssinns bekommt er durch den Blick zur Seite: „Was sagen denn die anderen?" Wenn er sich damit in den Nebel der wirren, ihn umschwirrenden Ansichten begibt, die im Internetzeitalter geschwind wechseln wie der Wind, macht er einen großen Sprung und zieht sich auf die über alles erhabene

Empore der „wissenschaftlich-mathematischen Unfehl-barkeit" zurück und präzisiert: „Was glauben denn die Menschen, die den statistischen Durchschnitt bilden?" Dann resümiert er: „Sie glauben, es gäbe keinen Gott, dem man Rechenschaft ablegen bräuchte. Klingt gut, also glaube ich das auch mal."

Jedoch, die Psychologie der Masse trübt den Blick auf die Realität. Nur weil die Mehrheit der modernen Menschen mit dem Strom der Gestressten schwimmt, ist dieser noch lange nicht der Weg der Wahrheit zum Leben. Nur weil Anfang 2008 vor der Finanzkrise fast alle Deutschen inklusive unserer geschätzten Kanzlerin keinerlei Gefahr für die Weltwirtschaft ahnten, bedeutete das noch lange nicht, dass es keine gab. Nur weil wir heute aufgeklärter und informierter und überladener mit Wissen sind als alle Generationen vor uns, bedeutet das noch lange nicht, dass wir mit unseren Theorien über die Anfänge der Welt richtigliegen. Keine Generation vor uns verfügte über so viele Informationen wie wir – aber auch keine Generation vor uns litt so dermaßen unter dem Zwang der Anpassung und unterlag so massiv der Manipulation der Meinungen durch die Medien wie unsere. Keine Generation vor uns neigte so sehr zum Spezialistentum mit Schmalspurblick und zur Ohnmacht und Kapitulation in Bezug auf die Komplexität der verfügbaren Informationen.

Wenn der Mainstream unseres Bildungsapparates auch große Einigkeit in der Ansicht zeigt, dass wir Produkt einer Evolution und nicht der Schöpfung sind, dürfen Zweifel an dieser Theorie erhoben werden. Man behauptet, aus der unpersönlichen Masse habe sich der persönliche Mensch entwickelt, mit anderen Worten: Am Anfang war die Nichtperson und im Laufe der Evolution, nur durch die Zugabe von Zeit und Zufall – „Simsalabim" –, entstand die Person. Diese Theorie mag den modernen Menschen befriedigen, weil sie ihn heiligspricht, aber für meinen gesunden Menschenverstand ist sie eine ganz schöne Zumutung. Klingt es nicht viel plausibler, dass die Person Mensch nach dem Ebenbild der Person Gott geschaffen wurde? Wenn wir den Kosmos, die Natur und das Leben betrachten, entdecken wir kein Chaos, sondern Harmonie, Absicht und Gesetzmäßigkeiten. Mutet es wirklich so märchengläubig an, wenn wir davon ausgehen, dass die sichtbaren Ordnungen in der Schöpfung auf das Werk eines unsichtbaren, ordnenden Schöpfers zurückzuführen und nicht einer ziel- und hirnlosen Naturenergie zuzuschreiben sind?

In der Sonntagsschule fragte ich einmal zehnjährige Kinder, was ihrer Ansicht nach schwerer zu bilden wäre, ein Mensch oder eine Maschine. „Der Mensch", waren sie sich einig. Selbst die größte Maschine der Welt (als Beispiel diente uns ein Airbus A380) ist nicht annähernd so komplex gestaltet wie das kleinste Baby der Erde. Die Kinder sollten sich vorstellen, man würde ihnen einen parkenden A380 zeigen und man wollte ihnen dann weismachen, das Ding hätte sich von selbst entwickelt. Milliarden Jahre hätten alle Bestandteile der Maschine bis ins kleinste Detail auf einem großen Schrottplatz gelagert und dann hätten sie sich durch Umwelt- und Wettereinflüsse im Laufe der Zeit zusammengefügt. „Lächerlich!", konstatierten die Kinder. Und noch lächerlicher wäre es zu behaupten, das Teil wäre auch noch voll funktions- und flugfähig. Und megalächerlich erschien ihnen dann im Vergleich dazu der Glaube, der so komplex gestaltete Mensch hätte sich von ganz alleine entwickelt.

Natürlich kann man gegen diesen Vergleich einwenden, dass man lebendigen Organismen bei einer Evolution mehr Dynamik zutrauen kann als leblosen Flugzeugteilen. Von daher hinkt dieser Vergleich etwas. Andererseits ist der Mensch als Krone der Schöpfung ein Meisterwerk wesentlich anspruchsvollerer Art als alles andere, denn er besteht nicht nur aus materieller Masse, sondern auch aus immateriellem Geist. Selbst wenn Zeit und Zufall einen so komplexen Organismus wie den menschlichen zustande gebracht hätten, wäre damit immer noch nicht erklärt, wann und wie der menschliche Geist auf den menschlichen Organismus „aufgesprungen" ist. Man kann der Frage nach dem menschlichen Geist ausweichen, indem man den Menschen zur reinen Maschine erklärt, aber das befriedigt nicht wirklich die Fragen unserer Existenz. Am Ende wird vieles offenbleiben. Unser Hirn wird nicht auf alle Fragen befriedigende Antworten erhalten, das gilt sowohl für Kreationisten als auch für Evolutionisten.

Das Evangelium ist nichts für Mit-dem-Strom-Schwimmer, die gerne den Sprüchen von Marketingpsychologen folgen, indem sie sich sofortigen Genuss und immerwährende Befriedigung aufschwätzen lassen. Der Verheißung unserer Konsumgesellschaft „Kaufe dich glücklich" kann man nicht vertrauen; Menschen, die darauf bauen, werden leicht übers Ohr gehauen. Nicht lange nach den leckeren Begrüßungsgeschenken beim Eintreten in das Konsumparadies entpuppen sich die meisten Heilsversprechungen als Werbelügen. Im Gegensatz dazu ist das Evangelium schonungslos ungeschönt und geht gegen den Strom der Manipulation, indem es klarstellt, was sowieso jeder Vernunftbegabte schon weiß: Es gibt keinen Himmel auf Erden, in dem man Sünde genießen und mit Unschuld begießen könnte. Das Evangelium konfrontiert uns mit der Tatsache, dass unser Leben ein Kampf ist und dass Jesus gekommen ist, um die Sünde in uns zu überwinden.

Der moderne Mensch möchte sich nicht mit dem Thema Sünde beschäftigen; wenn schon, will er sie genießen. Christen, die gegen ihre Gier und ihren Stolz schwimmen, hält er für gestört: „Was soll denn dieser Aufwand bringen?" Das Geheimnis der Surfer vor Hawaii versteht er indes auch nicht. Sie erscheinen ihm lebensmüde, weil sie sich mit voller Absicht in die gefährliche Strömung begeben, die wie ein H_2O-Förderband gegen den Strom der Brecher hinaus auf den Pazifik läuft und sie Richtung offenes Meer zieht. Kluge Wellenreiter nutzen diese pazifische Gegenströmung, um schneller und effizienter durch die Zone der brechenden Wellen zu paddeln und danach umso länger Freude beim Abreiten der Wellen zu haben.

Auf ähnliche Weise fließt mein Leben durch Christus mit der geistlichen Gegenströmung, die mich auf dem Kurs gegen den Strom durch seine Kraft vorwärtsbewegt. Im Mainstream fragt man sich, ob ich lebensmüde sei, warum ich denn nicht meinen Körper der schrankenlosen Gier und meine Psyche dem grenzenlosen Stolz hingeben will. Und warum ich unbedingt gegen die so übermächtig scheinende Masse angehen muss, droht sie mir doch,

wenn ich nicht konform mit ihr ströme, mich den mächtigen Wellen der Verachtung und dem offenen Meer der
Einsamkeit auszusetzen. Aber ich habe gelernt: Es lohnt
sich, gegen den Strom dieser Welt anzugehen, denn wer
sich in den lebendigen Strom Gottes begibt, der fließt mit
zunehmender Genugtuung zu nachhaltiger Fruchtbarkeit,
dem ewigen Frieden bei ihm entgegen.

Einen Vorgeschmack auf diesen Frucht verheißenden
und bringenden Strom des Lebens bekam ich Ende 1991
just in dem Moment, als ich mit meinen Eltern in ihrem
Wohnmobil saß und wir das erste Mal gemeinsam in den
Osten fuhren. Mein weiterer beruflicher Werdegang war
nach meiner Kündigung in Langen völlig offen. Nachdenklich saß ich auf der Rücksitzbank – teilweise in der Bibel
lesend, teilweise meine Zukunftsoptionen erwägend –, da
entdeckte ich diesen Strom im Buch des Propheten Hesekiel. Er strömte aus Gottes Tempel in östliche Richtung.
Das fand ich bemerkenswert, denn wir waren ja gerade unterwegs nach Osten! Auch was ich da sonst noch über diesen Strom und seine Auswirkungen las, begeisterte mich:
„Alles soll gesund werden und leben, wohin dieser Strom
kommt" (Hesekiel 47,9; L). „Und an dem Strom werden
an seinem Ufer auf beiden Seiten allerlei fruchtbare Bäume
wachsen; und ihre Blätter werden nicht verwelken und mit
ihren Früchten hat es kein Ende. Sie werden alle Monate
neue Früchte bringen; denn ihr Wasser fließt aus dem Heiligtum. Ihre Früchte werden zur Speise dienen und ihre
Blätter zur Arznei" (Hesekiel 47,12; L).

Auch wenn mir klar war, dass diese Prophetie eigentlich
auf die fernere Zukunft deutete, sehnte ich mich danach,

konform mit Gottes Strom in den Osten zu fließen, seine Früchte zu erleben und mich durch seine Kraft gegen alle Wogen des Widerstands tragen zu lassen. Die in dieser Vision ausgedrückte Zuversicht auf das Aufblühen von allen, die mit Gott fliehen, half mir später den Schritt nach Osten zu wagen, und ich kann bezeugen: Ich fühlte mich die ganze Zeit getragen und durfte voller Genugtuung erleben, wie Fruchtbarkeit in meinem Leben aufblühte.

Jesus ist der größte Gegen-den-Strom-Geher, der jemals über diesen Planeten gewandert ist. Seine Nachfolger lassen ihr Leben für diese vergängliche Welt los und richten sich auf das Meer des ewigen Friedens hinter der Brandung unserer unruhigen Zeit aus. Sie ergreifen Christus, das Rettungsseil, und vertrauen darauf, dass er sie in seine Ruhe zieht, wie er es verheißen hat (Johannes 12,32). Sie fürchten sich nicht vor dem Abdriften mit dem Strom der Gestressten, denn ihre Hoffnung auf Frieden und ewiges Leben ist ihnen zum sicheren Anker geworden (Hebräer 6,19), der jetzt schon ihr Leben befriedet, weil er durch Christus, den unerschütterlichen Fels, in der Himmelswelt festgemacht ist.

Christus zieht seine Nachfolger nicht nur durch die turbulenten Wogen unserer Zeit, sondern vermag auch den Lebensdurst einer jeden Seele zu stillen: „Wer aber von dem Wasser trinkt, das ich ihm geben werde, wird niemals mehr Durst bekommen. Das Wasser, das ich ihm gebe, wird in ihm eine Quelle werden, aus der Wasser für das ewige Leben heraussprudelt" (Johannes 4,14; NeÜ). „Und wen da dürstet, der komme; und wer da will, der nehme das Wasser des Lebens umsonst" (Offenbarung 22,17; S).